Hühner

Auswahl und Haltung

Hühner
Auswahl und Haltung

CHRIS GRAHAM

Weltbild

Inhalt

Einleitung

Sie wollen eine fröhliche Hühnerschar, die in Ihrem Garten herumscharrt, pickt und frische Eier legt? Herzlichen Glückwunsch! Sicher werden Sie viel Freude an dem bunten Federvieh haben.

Die ersten Schritte

SIE MÜSSEN SICH UM IHRE HÜHNER KÜMMERN, DOCH DAS MACHT SPASS UND DIE TIERE ZAHLEN ES IHNEN SICHER ZURÜCK. NICHT NUR MIT FRISCHEN EIERN, SONDERN AUCH MIT ZUNEIGUNG UND LUSTIGEN BEGEBENHEITEN.

Einleitung

Oben Sie und Ihre Familie werden von den Hühnern begeistert sein. Sie bereichern jeden Haushalt.

Der Umgang mit Hühnern ist keineswegs einfach, denn es kann eine Menge schiefgehen – insbesondere bei einem Anfänger. Hühner sind einerseits hart im Nehmen und viel widerstandsfähiger als sie aussehen, andererseits aber auch sehr empfindlich. Ob sie sich wohl fühlen, hängt maßgeblich von ihrer Umgebung ab. Jeder Hühnerhalter übernimmt damit die wichtige Verantwortung, seinen Tieren eine optimale Umgebung zu bieten. Jeder Fehler, wie zu dichter Hühnerbesatz, falsches Futter, unzureichende Wasserversorgung oder nachlässiger Umgang mit Parasiten setzt die Hühner unter Stress. Je größer der Stress, desto anfälliger reagieren Hühner auf andere Belastungen – Krankheiten und Infektionen wären die Folge – und der Bestand kann überraschend schnell leiden.

Hühnerhaltung ist nicht schwer

Wenn Sie sich jedoch an die Grundregeln der erfolgreichen Hühnerzucht halten, kann eigentlich nichts passieren. Immerhin ist es kein Hightech, Hühner zu halten. Selbstverständlich muss jeder seine Erfahrungen sammeln, doch selbst der beste Züchter hat einmal klein angefangen. Hören Sie nicht auf selbst ernannte Experten, die Ihnen weismachen wollen, es gäbe besondere Geheimnisse und ein Erfolg stelle sich erst nach jahrelanger Arbeit ein – die Realität sieht zum Glück anders aus. Es steht außer Frage, dass ein Spezialist, der erstklassige Rassehühner für Hühnerschauen züchtet, sehr viel Hingabe und Erfahrung braucht, doch ein Anfänger muss sich nur regelmäßig um seine paar guten Hühner im Garten kümmern. Im Kern soll Ihnen dieses Buch zeigen, wie Sie vorgehen müssen, um Ihre Hühner sorgenfrei genießen zu können.

Links Hühner zu halten ist nicht besonders kompliziert und kann sehr befriedigend sein.

9

Einleitung

Es war einmal ...

Unsere Beziehungen zum Haushuhn reichen viele Tausende von Jahren zurück. Leider stand am Anfang dieser Beziehung nicht friedvolles Zusammenleben, sondern grausame Kämpfe: Schon die ältesten Quellen bei den antiken Griechen und Römern berichten von Hahnenkämpfen. Auch die Ägypter hielten Geflügel, wenn auch nicht jene Rassen, die wir heute als Hühner kennen. Viele der heute beliebten Hühnerrassen sind erst in den letzten 150 Jahren entstanden. Im viktorianischen England waren Hühnerschauen sehr beliebte Freizeitvergnügen. Damals kreuzte man die üblichen Hofhühner mit allen möglichen Hühnerarten aus dem Ausland.

Ahnen aus dem fernen Osten

Eines war jedoch all diesen Arten gemeinsam: Sie stammten von denselben Vorfahren ab. Die meisten Experten gehen davon aus, dass die Urahnen der heutigen Hühner aus Südostasien stammen. Diese Hühnerarten leben noch heute iwild in den Wäldern von Indonesien und werden auch in Gefangenschaft gehalten – ihr Überleben dürfte gesichert sein.

Domestizierte Hühner

Etwa 3000 v. Chr. begannen die Kulturen des Industals in Indien, diese wilden Hühner zu domestizieren. Offenbar dauerte es sehr lange, bis sich die Vorteile des Haushuhnes herumsprachen, denn es taucht erst im 15. Jh. v. Chr. in Ägypten auf. Nach weiteren 600 Jahren sind Haushühner in den Ländern um das Mittelmeer verbreitet. Noch etwas später halten auch die Römer und schließlich die Menschen in den von den Römern besetzten Ländern Westeuropas Haushühner.

Einflussreiches Bankivahuhn

Von den vier bekannten Arten der Wildhühner dürfte das Bankivahuhn (*Gallus bankiva*) alle nachfolgenden Rassen von Haushühnern am tiefsten beeinflusst haben. Nach modernen Maßstäben handelt es sich dabei um ein sehr einfaches Huhn: Der Hahn hat schwarze und rote Federn mit etwas heller getöntem Rücken – und Halsgefieder (der so genannte Behang). Die Henne ist etwa rebhuhnbraun mit einer etwas helleren Brust.

Hühner im Westen

Einleitung

Hühner auf dem Bauernhof

Der Urahne unserer Haushühner dürfte so ähnlich ausgesehen und ein vergleichbares Temperament gehabt haben wie die Altenglischen Kämpfer. Diese Hühnerrasse ist sehr alt und wurde über lange Zeit für Hahnenkämpfe gezüchtet. Obwohl der Hahnenkampf in einigen Ländern der Erde, insbesondere im Fernen Osten, noch immer sehr beliebt ist, wird er von der Mehrheit der Menschen abgelehnt. Daher finden Hahnenkämpfe selbst in Ländern, in denen sie nicht per Gesetz verboten sind, immer häufiger im Verborgenen statt.

In den westlichen Ländern lebten die Hühner jahrhundertelang friedlich auf Bauernhöfen. Meist handelte es sich um Nachkommen von Rassen, die von den Römern, vielleicht auch den Wikingern eingeführt worden waren. Sie lieferten regelmäßig Eier und landeten genauso regelmäßig im Topf; beliebte Rassen waren Dorking und Hamburger. Da es kaum einen züchterischen Austausch über größere Entfernungen gab, entwickelten sich durch Zucht und Inzucht viele regionale Rassen. Die Haltung von Hühnern war also eine inselhafte Angelegenheit mit praktischem Hintergrund.

Oben Ein Paar herrlicher Sebrights, echte Zwerghühner ohne große Vorfahren.

Exotische Rassen

Als in der Mitte des 19. Jhs. exotischere Rassen, wie Cochin, Malaien und Brahma, aus dem Fernen Osten nach Europa eingeführt wurden, änderte sich diese Situation: Hühnerzucht wurde zur Mode.

Zunächst konnte sich nur der reiche Landadel derart exotische Rassen leisten. Er hielt sich Hühner mit reichem Gefieder als Statussymbole. Früher oder später wurden die exotischen Einfuhren mit etablierten heimischen Rassen gekreuzt. Daraus entwickelten sich eine völlig neue Form der Geflügelzucht und zahlreiche bis dahin unbekannte Rassen – die Grundlage von vielen modernen, reinrassigen Hühnern.

Eier im Überfluss

Schon bald erkannten die Züchter die Bedeutung großer, mediterraner Rassen, die reichlich Eier legten. Dazu gehörten etwa die aus Italien stammenden Italiener. Durch Kreuzungen dieser mit den überall in Europa und Amerika lebenden Rassen – auch mit einigen asiatischen Formen – entstanden die Leghennen: Sie legten verlässlich größere Mengen von hochwertigen Eiern. Typische Produkte dieser Kreuzungen waren Rhodeländer, Sussex und Welsumer.

Da sich mit produktiven Hühnern viel Geld verdienen ließ, entwickelte sich beinahe zwangsläufig eine Zucht in kommerziellem Maßstab. Hühner wurden zu landwirtschaftlichen Nutztieren und in großer Zahl gehalten. Um die ständig steigende Nachfrage nach preiswerten Eiern und Hühnerfleisch überall auf der Welt zu befriedigen, wandten sich die Züchter gezielt neuen Rassen zu. Das Produkt ihrer Auslesezüchtungen (Hybridhühner) war eine neue Generation von „Legemaschinen". Vorreiter in dieser Form der Zucht waren die Amerikaner in den 40er- und 50er-Jahren des 20. Jhs. Heute werden überall auf der Welt Hühner in industriellem Maßstab gezüchtet und gehalten.

Erst denken ...

Eigene Hühner zu halten, ist mehr als ein Hobby. Viele Menschen empfinden die Hühnerhaltung sogar als neue Lebensqualität. Die gefiederten Geschöpfe und die Sorge um ihr Wohlbefinden verändern und bereichern den Lebensstil.

Oben Sussex sind eine traditionelle, gut legende Rasse.

In einigen Ländern ist die Hühnerhaltung bereits so populär, dass ein paar Hühner im Garten zum guten Ton gehören. Darüber kann sich ein Hühnerliebhaber zwar freuen, aber dennoch sollte man sich nicht kopfüber in das Abenteuer der Hühnerhaltung stürzen – zuerst kommt die Planung. Auch wenn es noch so langweilig erscheint, nur gute Planung und Vorbereitung sind die Schlüssel zum Erfolg.

Wirklich gute Hühnerzüchter nehmen ihre Verantwortung für die Tiere sehr ernst. Hühner sind nicht besonders anspruchsvoll, aber sie sind auf Pflege und Aufmerksamkeit angewiesen, wenn sie glücklich leben und Eier legen sollen. Nehmen Sie sich die Zeit für dieses Buch, ziehen Sie auch das Internet zu Rate, reden Sie mit Züchtern und Hühnerbesitzern. Erst dann sollten Sie sich für die ersten Hühner entscheiden. Die Mühe wird sich auszahlen.

Welche Rasse?

Sie haben sich entschieden, Hühner zu halten und Sie würden alles dafür tun, damit sie gesund und munter bleiben. Nun stehen Sie vor der Qual der Wahl: Welche Rasse soll es sein? Gar nicht so einfach, bei über 100 Rassen!

Die Auswahl

BEVOR SIE SICH FÜR EINE RASSE ENTSCHEIDEN, SOLLTEN SIE IHRE HALTUNGS-MÖGLICHKEITEN REALISTISCH EINSCHÄTZEN. MANCHE RASSEN HABEN BESONDERE HALTUNGSANSPRÜCHE UND KOMMEN FÜR EINSTEIGER NICHT INFRAGE, AUCH WENN SIE IHNEN VIELLEICHT AM BESTEN GEFALLEN.

Welche Rassen scheiden aus?

Einige Rassen sind selten und schwer zu finden; andere sind eher etwas für Erfahrene und nichts für Anfänger. Wieder andere sind für ihre Nervosität bekannt – man nennt sie oft „flugfreudig". Wenn Sie eine junge Familie sind oder bereits andere Haustiere haben, lassen Sie besser die Finger davon.

Selbst wenn Sie diese offensichtlich ungeeigneten Rassen von der Liste streichen, bleiben noch genug übrig. Eine Entscheidung dürfte Ihnen leichter fallen, wenn Sie sich darüber klar werden, was Sie von ihren Hühnern erwarten. Jemand, der gerne Eier isst und sich gelegentlich ein Huhn im Topf leistet, stellt andere Ansprüche als jemand, der seine Hühner hält und züchtet, um sie auf Ausstellungen zu präsentieren oder sich an ihrem Aussehen erfreut. Achten Sie auf die Farbe des Gefieders oder das Muster. Auch die Größe kann für einen zukünftigen Hühnerbesitzer sehr wichtig werden, vor allem wenn kein unbegrenzter Platz zur Verfügung steht.

Neu oder alt?

Die Welt der Geflügelzüchter ist in Fraktionen geteilt, die sich je nach Art der gehaltenen Rasse und ihrem Verwendungszweck deutlich voneinander unterscheiden. In jedem Land gibt es Züchtervereinigungen, die bestimmte Standards festlegen. In Großbritannien ist dies der Poultry Club of Great Britain. Er organisiert Wettbewerbe und Schauen und ernennt die entsprechenden Preisrichter. Die deutschen Züchter sind im Bund Deutscher Rassegeflügelzüchter e.V. organisiert, der den Deutschen Geflügel Standard festsetzt.

Wenn Sie sich für eine traditionelle, alte Rasse entscheiden möchten, für eine Rasse mit hübschem Gefieder oder ungewöhnlich gefärbten Eiern, dann dürften für Sie reinrassige Formen in Frage kommen: Araucana, Cochin, Orpington, Sussex oder Wyandotten. Übrigens schmecken einige der reinrassigen Formen auch sehr gut, wie Dorking oder Indische Kämpfer.

Oben Die Wahl der richtigen Rasse wird von vielen Faktoren beeinflusst. Hier ist ein farbenprächtiger Zwerghahn abgebildet.

Rechts Indische Kämpfer sind herrliche Hühner; aber sind sie auch das Richtige für Sie?

Gute Legehennen

DIE LEGELEISTUNG WIRD VON VIELEN FAKTOREN BEEINFLUSST, UNTER ANDEREM VOM ALTER, DEM GESUNDHEITSZUSTAND UND DEN HALTUNGSBEDINGUNGEN DER HÜHNER. DAHER LÄSST SICH NUR BEDINGT VORHERSAGEN, WIE VIELE EIER EIN BESTIMMTES HUHN LEGEN WIRD.

Traditionelle oder reine Legerasse?

Alle Rassen, die von einer traditionellen Zuchtform aus dem Mittelmeergebiet abstammen, legen ziemlich verlässlich Eier. So sind Italiener, Ancona und Minorka gewöhnlich gute Legehennen. Allerdings sind sie nicht die einzige Wahl, wenn Sie jeden Morgen ein frisches Ei für den Frühstückstisch erwarten. Auch die speziell gezüchteten Legerassen liefern reichlich Eier. Besonders eindrucksvoll in dieser Hinsicht sind die amerikanischen Rhodeländer, Wyandotten und New Hamp-

shire. Das Gleiche gilt für die britischen Sussex und die niederländischen Welsumer. Diese Rassen wurden gezüchtet, um den steigenden Eierbedarf der Welt nach dem Krieg zu befriedigen.

Cochin und einige andere reinrassige Arten haben unter dem Ausstellungsdruck gelitten. Die Tiere wurden über viele Jahre hinweg nach Größe und Form, vor allem jedoch nach dem Gefieder ausgewählt. Ein modernes Cochin hat mit seinen an Staubwedel erinnernden Federn kaum noch Ähnlich-

Oben Jeden Morgen frische Eier – das eigentliche Ziel vieler Hühnerhalter. Allerdings ist die Ausbeute von Rasse zu Rasse verschieden.

keit mit der Rasse, die um 1840 aus dem Fernen Osten nach England eingeführt wurde. In der Tat hat gerade diese Rasse die Ausstellungspraxis in England gefördert – umso mehr als Queen Victoria eine enthusiastische Züchterin war. Im Zuge dieser Entwicklung haben allerdings die Legeeigenschaften der Cochin-Hühner gelitten.

Wem es ausschließlich um frische Eier geht, hat einfaches Spiel: Die modernen Hybridhühner sind „Legemaschinen", die einzig zu diesem Zweck gezüchtet wurden. Der Lohn für die Haltung ist ein ununterbrochener Strom von Eiern. Natürlich gewinnen sie keine Preise und spalten die Hühnerhalter in zwei Lager. Die Traditionalisten betrachten sie eher mit einem Naserümpfen, während sie bei den bodenständigen Realisten immer beliebter werden. Sie sind preiswert und leicht zu pflegen. Es sind einfache Hühner ohne Flausen im Kopf – der beste Einstieg in die Hühnerhaltung.

Klein oder groß?

Die Beliebtheit der Zwerghühner scheint mit der Zunahme der Hobbyhühnerhalter zu wachsen. Wahrscheinlich sind sogar viele Hühnerzuchtvereine, die sich mit der Zucht seltener Rassen befassen, sehr dankbar für ihre Zwerghuhn züchtenden Mitglieder, denn sie gewährleisten den Fortbestand der Vereine.

Zwerghühner sind nicht einfach nur kleine Hühner. Während die „echten" Zwerghühner („Urzwerge") kaum größer sind als ihre wilden Vorfahren, stellen die meisten Zwerghuhnrassen Miniversionen einer Großrasse dar. Um als Zwerghuhnrasse anerkannt zu werden, dürfen sie in der Regel nicht schwerer sein als ein Viertel des Gewichts der Großrasse.

Die ersten Zwerghühner wurden vor rund 200 Jahren aus der javanischen Hafenstadt Bantam eingeführt. (Anmerkung des Übersetzers: Englische Züchter bezeichnen alle Zwergversionen einer großen Rasse als „Bantam", während deutsche Züchter unter Bantam nur eine bestimmte Zwerghuhnrasse und ihre Farbenschläge verstehen.) Inzwischen gibt es von fast allen bekannten Rassen auch eine Zwergversion.

Oben Zwerghühner sehen aus wie Mini-Versionen ihrer großen Vorfahren; hier am Beispiel zweier Welsumer.

Zwerghühner zeichnen sich durch einen kurzen Rücken, quirligen Charakter und nach unten gerichtete Flügel aus. Diesen Typus verkörpern besonders gut Sebright, Chabo und Bantam.

Für welche dieser Rassen Sie sich auch entscheiden, der Reiz der Zwerghühner liegt in der Kombination aus kleiner Größe und Nutzbarkeit. Vor allem bei begrenztem Raumangebot sind sie optimal. Im Aussehen brauchen sie sich vor ihren großen Vorfahren ohnehin nicht zu verstecken; nur ihre Eier sind verständlicherweise kleiner. Zwerghühner eignen sich gut für Familien.

Zwerghühner haben nur wenige Nachteile. Die kleinen Eier wurden bereits erwähnt, und wer gelegentlich Lust auf gegrilltes Hühnchen hat, ist mit einem Zwerghuhn sicher schlecht bedient. In jeder anderen Hinsicht sind Zwerghühner aber eine gute Wahl.

Fleisch oder Eier?

DIE MEISTEN MENSCHEN HALTEN HÜHNER, WEIL SIE GERNE FRISCHE, GESUNDE EIER ESSEN MÖCHTEN. ALLERDINGS GIBT ES NICHT NUR RASSEN, DIE GUT LEGEN, SONDERN AUCH SCHWERERE FLEISCHRASSEN.

Hühner als Eierlieferanten

Die besten Legehennen unter den reinrassigen Formen sind jene, die nicht „glucken", d.h. die nicht bei jedem Ei ihrem Brutinstinkt erliegen. Bei einigen Rassen ist dieser Brutinstinkt stärker, bei anderen schwächer ausgeprägt. Eine Henne (Glucke), die sich auf den Eiern niederlässt, um zu brüten, fällt natürlich als Legehenne aus – und das für mehrere Monate.

Gerade die großen Rassen erweisen sich oft als besonders gute Glucken – beispielsweise Orpingtons und Sussex –, obwohl es zahlreiche Ausnahmen gibt. So gehören die Seidenhühner zwar zu den kleinsten Rassen, gelten aber bei vielen Kennern als die besten Glucken. Kleinere Rassen, die kaum glucken und als aktiv und robust gelten, legen ihre Eier besonders verlässlich.

Auch die Umgebung kann das Legeverhalten einer Henne beeinflussen; auf manche Faktoren wie Klima oder Boden hat ein Geflügelhalter nun einmal keinen Einfluss. Minorka und einige andere Rassen legen in rauem Klima weniger Eier, während die schottischen Scots Dumpy an raues Wetter und Gelände gewöhnt sind. Sicher kann man in einem Hinterhof nicht die natürliche Umgebung schaffen, an die eine bestimmte Rasse angepasst ist, aber man sollte diesen Faktor nicht aus den Augen verlieren.

Oben Rhodeländer sind doppelt nützlich: Sie legen Eier und haben schmackhaftes Fleisch.

Oben Moderne Hybridzüchtungen, wie dieses Fenton Blue, wurden speziell als Legehennen gezüchtet.

zu simulieren. Einige Hühner reagieren darauf und legen tatsächlich kontinuierlich weiter. Auch Futter von guter Qualität (Pellets oder Weichfutter für Legehennen, geschrotetes Mischfutter) und täglich frisches, sauberes Wasser wirken sich positiv auf die Legeleistung aus.

Hühner für den Tisch

Viele Hühnerhalter weisen den Gedanken, ihre Tiere zu essen, als abwegig zurück. Andere finden nichts dabei, Hühner speziell für Küche und Tisch zu halten. Schließlich gibt es noch jene, die nach einer gewissen Zeit und mit mehr Erfahrung als Züchter ihre Einstellung ändern und das Fleisch zu schätzen wissen. Die Zahl der Halter, die ihre Hühner wegen des exzellenten und garantiert rückstandsfreien Fleisches schätzen, scheint aber zuzunehmen. Der Fleischgeschmack eines stressfrei aufgewachsenen Huhns ist einem Supermarkthähnchen weit überlegen – dessen einziger Vorteil ist der Preis.

Sollten Sie gute Fleischhühnchen im Auge haben, sind die „gluckenden" Rassen eine gute Wahl – am allerbesten sind die Sussex geeignet. Eine ausgezeichnete Wahl sind auch Kreuzungen zwischen Dorking und Indischem Kämpfer. Deren Nachkommen liefern ein äußerst leckeres Fleisch.

Natürlich bieten die Züchter auch spezielle Fleisch- oder „Tafelhühner" an, beispielsweise die französischen Sasso-Hühner: Sie wachsen rasch und liefern bei angemessener Haltung sehr viel Fleisch.

Wesentlich für ein gutes Tafelhuhn ist die Fütterung. Einsteiger sollten sich bei einem erfahrenen Züchter über die Art und Menge des Futters, über das Lebensalter der Rasse und natürlich über gesunde Haltung erkundigen.

Oben Gute Gesundheit (und Eiersegen) hängen von qualitätsvollem Futter und sauberem, frischem Wasser ab – das gilt für alle Rassen.

Das Legeverhalten einer Henne ändert sich mit dem Alter. Im ersten Jahr legt sie die meisten Eier. Etwa im Alter von einem halben Jahr wird die Jung- zur Legehenne und beginnt, Eier zu legen. Im zweiten und dritten Jahr nimmt ihre Legeleistung um etwa 20 % pro Jahr ab, schließlich hört sie auf, Eier zu legen. Die meisten Hennen legen im Winter weniger; Hybridhühner und reinrassige Formen legen meist etwas gleichmäßiger.

Die Legeleistung der meisten Hühner ist abhängig von der Jahreszeit. Ihr Biorhythmus wird von der Lichtmenge und der Dauer der Tageshelligkeit gesteuert, d.h. Hühner nehmen die kürzer werdenden Tage wahr, mit denen sich der Winter ankündigt. Ihr Gehirn reagiert darauf mit einem Hormonsignal, die Eierproduktion lässt nach oder wird völlig eingestellt. Manche Hühnerhalter installieren daher Lampen in den Ställen, um morgens und abends zwei zusätzliche Lichtstunden

Es geht los

Unter guten Bedingungen gedeihen Hühner prächtig; sie reagieren jedoch sofort, wenn die Haltungsbedingungen nicht optimal sind. Wenn Ihre Hühner gut legen und ein glückliches, langes Leben führen sollen, müssen Sie ihnen eine optimale Umgebung bieten.

Auslauf und Unterschlupf

HÜHNERHALTUNG BEDEUTET NICHT NUR SPASS, DER HALTER TRÄGT AUCH EINE GE-WISSE VERANTWORTUNG FÜR SEIN FEDERVIEH. WENN SIE FÜR OPTIMALE LEBENS-BEDINGUNGEN SORGEN, WERDEN SIE VIEL FREUDE AN IHREN HÜHNERN HABEN.

Es geht los

Verantwortung übernehmen

Vergessen Sie niemals, dass die Gesundheit und das Leben der Hühner ausschließlich von Ihnen abhängen. Es wäre verwerflich, Hühner aus einer Laune heraus zu kaufen, sollte Ihnen diese Idee im Augenblick auch noch so großartig erscheinen. Nur wenn Sie absolut sicher sind, den Hühnern auch langfristig optimale Bedingungen bieten zu können, wenn Sie bereit sind, sich um sie zu kümmern und sie zu pfle-

Oben Hühner müssen täglich und regelmäßig mit frischem Wasser und Futter versorgt werden.

gen, dürfen Sie an einen Kauf denken. Es wäre schrecklich, wenn Sie zu spät feststellten, dass zu viel Arbeit anfällt und Sie doch nicht für die Hühnerhaltung geeignet sind.

Eigene Hühner zu halten, ist in der Tat eine sehr arbeitsintensive Freizeitbeschäftigung, denn Sie müssen sich täglich und aufmerksam den Tieren widmen: Hühner brauchen jeden Tag frisches Futter und Wasser. Leider entspricht das zuckersüße Bild von den glücklichen Hühnern, die an einem lauen Sommertag zu Ihren Füßen nach Körnern picken, überhaupt nicht der Realität – was ist mit einem kalten, windigen Wintermorgen? Der Hühnerstall muss regelmäßig gesäubert werden, damit sich die Tiere wohl fühlen und keine Krankheiten ausbrechen.

Jeder gute Geflügelhalter bekommt im Laufe der Zeit eine Art sechsten Sinn für seine Hühner. Er bemerkt sofort, wenn etwas nicht stimmt. Natürlich fängt alles mit etwas Grundwissen an, doch entscheidend ist und bleibt die Erfahrung.

Reden Sie am besten mit anderen Geflügelhaltern. Erkundigen Sie sich nach dem tatsächlichen Arbeitsaufwand und fragen Sie sich kritisch, ob Sie die Hühner in Ihrem üblichen Tagesablauf unterbringen können.

Ein Haus für die Hühner

Hühner brauchen zwei Dinge: Auslauf (Gehege) und Unterschlupf (Stall). Nachts schlafen sie gut geschützt vor Wind und Regen im Stall und sind dort auch vor Raubtieren, wie Füchsen oder Mardern, sicher. Gute Hühnerställe bieten sicheren, trockenen und gut belüfteten Unterschlupf. Viele Hersteller bieten solide Ställe in allen möglichen Ausführungen und Größen an. Manche folgen dem traditionellen, andere einem modernen Stil. Die Preise unterscheiden sich beträchtlich, je nach der Qualität – prüfen Sie das Angebot.

Oben Gesunde Hühner brauchen einen guten Stall und genügend Auslauf.

Clubs) in der Regel wertvoller als Werbeprospekte. Wenn Sie einen Stall kaufen, der von einem Fachmann empfohlen wird, liegen Sie sicher nicht falsch. Er berät Sie nicht im Hinblick auf ein gutes Geschäft, sondern weil ihm das Wohl der Hühner am Herzen liegt.

Wohin mit dem Stall?

Am Anfang jeder Planung steht die Suche nach dem geeigneten Platz für den Hühnerstall. Überlegen Sie sich, an welcher Stelle er sich am besten in den Garten einfügt und verschwenden Sie auch ein paar Gedanken an Ihre Nachbarn. Wer gleich zu Beginn entscheidende Fehler macht, riskiert Dauerärger.

So klappt's auch mit dem Nachbarn

Diskutieren Sie Ihre Pläne ruhig mit den Nachbarn und gehen Sie auf Vorschläge ein. Wer mit dem Kopf durch die Wand will, riskiert nicht nur Ärger, sondern muss möglicherweise sogar mit einer Anzeige rechnen. Es ist nämlich nicht erlaubt, in einem reinen Wohngebiet Hühnerställe beliebiger Größe aufzubauen (Auskunft erhalten Sie bei Ihrer Gemeinde).

Lassen Sie sich beraten

Da der Stall eindeutig die größte Investition darstellt, sollten Sie Wert auf eine ausführliche Beratung legen. Leider geben die Angaben der Hersteller nicht immer Auskunft über das, was für die Hühner am wichtigsten wäre. Daher ist der Rat eines erfahrenen Hühnerhalters (in Zuchtvereinen oder

Links Der Stall sollte stabil gebaut sein; er muss den Hühnern einen trockenen und gut belüfteten Schlafplatz bieten.

Die Wahl des Stalls

AUF DIE GRÖSSE KOMMT ES AN: WÄHLEN SIE DEN GRÖSSTEN HÜHNERSTALL, DER IN IHREM GARTEN PLATZ HAT, KOMMT ES UNTER HÜHNERN ZU GEDRÄNGE, KIPPT DIE STIMMUNG UND DIE DAMEN HACKEN HEMMUNGSLOS AUFEINANDER EIN.

Der richtige Stall

Hühnerställe kommen in allen möglichen Formen und Größen daher – einfache Unterstände auf Holzstützen, mit schrägen Zeltdächern oder Häuser mit Giebeldach. Es gibt zwar auch Ställe aus Plastik, doch am besten eignen sich traditionelle, aus Holz gebaute Ställe. Holz ist widerstandsfähig (vor allem wenn es imprägniert wurde), leicht zu reparieren und relativ preiswert.

Oben Es gibt einfache und aufwendige Hühnerställe. Hier führt eine Rampe vom Außengehege in den Stall – ideal für die Serama-Zwerghühner.

Designerställe?

Die einschlägigen Firmen reagieren auf die steigende Nachfrage mit einer Vielzahl neuer Stalltypen. Leider verdienen einige der Modelle nicht einmal den Namen Stall – Sorgfalt bei der Auswahl ist also Pflicht: Achten Sie auf Art und Dicke der Holzwände, auf die Qualität der Verarbeitung, auf die Scharniere und Dichte der Türen. Ein Hühnerstall sollte lange halten, flüchtig oder zu leicht ausgeführte Konstruktionen können diese Aufgabe nicht erfüllen.

Schutz vor Wind und Wetter

Ein guter Stall schützt die Hühner vor Wind und Regen, sein Boden sollte trocken und der Innenraum gut belichtet sein. Der Stall braucht eine gute Belüftung, darf aber keinesfalls zugig sein. Die Nistboxen, in denen die Hühner ihre Eier legen, werden häufig Platz sparend an die Außenwände montiert. Auf jeden Fall gehören sie in den dunkelsten Teil des Stalles und keinesfalls ins direkte Sonnenlicht.

Nistboxen

Planen Sie jeweils für etwa drei bis vier Hühner eine Nistbox ein; normalgroße Hühner fühlen sich in einer Box von 30 cm Höhe und Breite und einer Tiefe von 20–25 cm wohl (Zwerghühner kommen mit kleineren Boxen zurecht). Fallen die Boxen zu groß aus, versuchen oft mehrere Hühner gleichzeitig darin zu brüten und zerbrechen die Eier. Bringen Sie vor Nistkästen, die höher als Bodenniveau liegen, eine Stange als Einstiegshilfe an. Die Position der Stange muss auf die Höhe der Nistkästen abgestimmt werden. Da große, schwere Rassen keine hohen Sprünge schaffen, brauchen sie eine Leiter oder Rampe, über die sie bequem zu den Boxen auf und absteigen können.

Oben links Sind die Nistboxen von außen zugänglich, lassen sich die Eier leichter entnehmen.
Oben rechts An diesen Stall wurden außen eine Nistbox und ein Mini-Auslauf angebaut.

Geräumiges Gehege

Zusätzlich zum Stall brauchen Hühner einen Auslauf. Ein überdachter Raum, in dem sie sich unter trockenen, luftigen Bedingungen aufhalten und scharren können, ist ebenso wichtig wie ein überwachter, freier Auslauf im Sommer. Allerdings muss in kleinen Gärten der Boden des Auslaufs befestigt werden, denn Hühner mögen keine matschigen Flächen.

Bei sehr begrenztem Platz reicht zwar ein Lattenrost neben dem Stall, doch eine größere Zahl von Hühnern (die Grenze liegt bei etwa sechs Tieren) braucht unbedingt einen echten Auslauf. Solche Gehege müssen sicher eingezäunt sein – auch eine Abdeckung kann nicht schaden – um die Hühner drinnen und die Raubtiere fernzuhalten.

Gut umzäunt in trockener Lage

Tatsächlich hängt die Art des Geheges von der Hühnerrasse ab. Hühner können nicht wirklich fliegen, aber viele Rassen überspringen locker einen Zaun von 2 m Höhe. Echte „Flieger", wie die Anconas und Hamburger, müssen sogar mit einem Netz über dem Gehege festgehalten werden. Rassen mit gefiederten Beinen und Füßen bleiben besser unter einem festen Dach, wo der Boden trocken bleibt.

Kein Huhn fühlt sich in einem feuchten, schlammigen Gehege wohl; legen Sie das Gehege daher nicht gerade in einer Senke an. Selbst eine hübsche Grasfläche – angenehm im Sommer – verwandelt sich im feuchten Herbst rasch in einen Sumpf und wird zur Zumutung für die Hühner. Planen Sie daher in einem feuchten Garten zur Sicherheit einen speziellen, überdachten Winterauslauf mit tiefgründigem Bodenbelag (mindestens 15 cm tief) aus trockenem Sand oder unbehandeltem Mulch ein. Der Untergrund dient als Drainage und sorgt dafür, dass das Wasser schnell abfließt; er darf weder feucht noch erdig werden.

Oben Für Hühner, die nicht ins Freie dürfen, sind solche integrierten Ställe die beste Lösung – solange sie nicht überfüllt sind.

Im Stall

HÜHNER BRAUCHEN NICHT VIEL, UM SICH IN IHREM STALL WOHL ZU FÜHLEN: EINE STANGE UND REICHLICH PLATZ, UM HERUMLAUFEN ZU KÖNNEN. LEIDER SIND VIELE STÄLLE ZU KLEIN FÜR DIE HÜHNERSCHAR.

Auf der Stange

Das wohl wichtigste Utensil in einem Hühnerstall ist die Stange, auf der sich die Hühner zum Schlafen niederlassen. Für große Rassen sollte die Stange mindestens 5 cm breit sein, kleine Rassen kommen auch mit schmaleren zurecht. Kanthölzer müssen an den Kanten abgerundet werden. Ist die Stange zu schmal, fühlen sich die Hühner unwohl.

Achten Sie in größeren Ställen mit mehreren Stangen darauf, alle in derselben Höhe anzubringen, denn Hühner versuchen instinktiv, stets die jeweils höchste Position einzunehmen. Daraus resultieren endlose Machtkämpfe und selbst Verletzungen sind nicht auszuschließen.

In luftiger Höhe angebracht

Aus demselben Grund müssen alle Stangen deutlich über dem Boden und höher als die Nistboxen angebracht sein, sonst schlafen die Hühner in den Boxen und könnten die Eier beschmutzen. Werden die Stangen zu nahe an der Wand angebracht, könnte das Schwanzgefieder leiden.

Kotbrett

Bauen Sie unter jeder Stange ein Kotbrett ein, das leicht entfernt und gereinigt werden kann. Da Hühner sich regelmäßig zur Nachtzeit entleeren (etwa die Hälfte der Tagesmenge), macht ein solches Auffangbrett Sinn. Da sich nachts über

Links Die meisten Hühner schlafen auf einer Stange im Stall; solche Sussex-Hennen brauchen eine 5 cm breite Stange.

Oben Ein ausziehbares Kotbrett unter der Stange lässt sich besonders leicht reinigen.

Zimmer mit Aussicht

Alle Hühner brauchen natürliches Licht, daher haben manche Ställe in „Luxusausführung" echte Fenster. Sie sind nicht verglast, sondern mit engem Fliegendraht bespannt und dienen damit gleichzeitig der Lüftung. Je nach Wetterlage werden die Fenster mit hölzernen Läden geöffnet oder verschlossen. Wegen des Fliegengitters können im Sommer auch bei geöffneten Läden keine Wildvögel eindringen.

Je dichter der Hühnerstall besetzt ist, desto wichtiger wird eine gute Belüftung. Vor allem in kleinen Ställen ist das Gesamtvolumen an Frischluft relativ gering – hier ist eine gute Lüftung lebenswichtig. Da warme Luft aufsteigt, werden die Lüftungsschlitze oder Kippfenster möglichst hoch, unterhalb des Daches eingebaut. Achten Sie beim Kauf des Stalls auf gut verarbeitete Lüftungen. Geben Sie sich nicht mit Modellen zufrieden, die das Problem mit einigen gebohrten Luftlöchern lösen wollen.

Platz pro Huhn

Hühnerställe dürfen auf keinen Fall zu dicht besetzt werden, vor allem, wenn die Tiere über längere Zeit eingeschlossen bleiben. In engen Ställen kommt es zu Hackattacken, die Hühner reißen sich Federn aus oder fressen die Eier. Außerdem nimmt das Krankheitsrisiko zu, insbesondere von Infektionen des Atemsystems.

Die meisten Hersteller berechnen die Zahl der Hühner pro Stall nach der Gesamtlänge der Stangen. Tatsächlich stellt eine dicht an dicht besetzte Stange bereits die absolute Obergrenze dar. Die Situation gleicht etwa der Angabe von Autoherstellern: Auch wenn auf dem Rücksitz formal drei Erwachsene Platz haben, ist es für zwei Mitfahrer hinten merklich bequemer. Ziehen Sie daher von der Angabe der Hersteller ein Drittel ab – mit der Hälfte tun Sie Ihren Hühnern einen echten Gefallen. Es kommt immer wieder vor, dass für einen Stall von 1 x 1 m Grundfläche sechs Hühner empfohlen werden. Viel besser wären drei bis höchstens vier Tiere. Statt sich bedingungslos auf die Herstellerangaben zu verlassen, sollten Sie Ihren gesunden Menschenverstand sprechen lassen.

dem Kot eine Ammoniakschicht bildet, ist dies ein weiterer Grund, die Stange hoch genug einzubauen und so für gute Entlüftung zu sorgen. Insbesondere schwere Rassen brauchen eine Leiter oder Rampe als Zugang zur Stange. Tatsächlich kommt es immer wieder vor, dass sich schwere Hühner bei den wiederholten Sprüngen von einer hohen Stange verletzen.

Hühnerklappe

Der Stall braucht eine Klappe, damit die Hühner ein- und ausgehen können. In den meisten modernen Modellen sind in Schienen laufende Schiebetüren eingebaut, die nachts die Öffnung verschließen. Sehr praktisch sind auch Außenklappen zu den Nistboxen, um die Eier leichter einsammeln zu können. Schließlich braucht jeder Stall eine große Tür (oder eine abnehmbare Wand), um den Innenraum reinigen oder desinfizieren zu können.

Auslauf

EIN NATÜRLICHER UNTERGRUND AUS ERDE UND PFLANZEN, ZUM SCHARREN UND PICKEN, IST DER HIMMEL AUF ERDEN — ZUMINDEST FÜR EIN HUHN. LEIDER BIETEN NUR WENIGE GÄRTEN GENÜGEND PLATZ FÜR FREI LAUFENDE HÜHNER. WENN SIE EINE ECKE ERÜBRIGEN KÖNNEN, FREUEN SICH IHRE HÜHNER.

Auf den Beinen

Haushühner müssen jeden Tag ins Freie. Wie groß ihr Auslauf ist, richtet sich nach dem verfügbaren Platz und Ihren finanziellen Möglichkeiten. Die Minimallösung für Hühnerhalter mit einem kleinen Hausgarten wäre ein Stall mit integriertem, kleinem Gehege. Bei manchen Ställen ist dieser Auslauf direkt angebaut, bei anderen wird ein Drahtgitter über ein Holzgestell am eigentlichen Stall befestigt.

Echte, vom Stall unabhängige Drahtgehege wären die beste Lösung für die Hühner, weil nur sie den Tieren reichlich Platz zum Auslauf bieten. Allerdings gibt es insbesondere für die großen Rassen keine wirklich optimale Lösung.

Oben   Dieses Gehege ist zum Schutz vor Füchsen mit einem elektrisch geladenen Maschendrahtzaun umgeben.

Rechts Damit Ihre Hühner gesund und fröhlich bleiben, brauchen sie so viel Auslauf wie möglich.

Solange Stall und Gehege nicht von Fall zu Fall umgestellt werden können, verwandeln Hühner jeden Untergrund innerhalb kurzer Zeit in eine matschige Fläche. In solchen Fällen bleibt Ihnen nichts übrig, als völlig auf Gras zu verzichten und den Untergrund tiefgründig mit Mulch als Spielfläche umzugestalten.

Auf Wanderschaft

Nach allgemeiner Überzeugung brauchen sechs Legehennen einen Auslauf von 18 x 18 m, was allerdings nur den wenigsten Hühnerhaltern möglich sein dürfte. Diese Fläche wird in drei gleich große Abschnitte untergliedert, die von den Hühnern abwechselnd genutzt werden. Nur in solchen Arrangements wird der Boden ausreichend geschont und das Gras nicht in Mitleidenschaft gezogen. Leider sprengt ein derartiges System die Möglichkeiten eines normalen Reihenhausgartens.

Wo immer entsprechender Platz zur Verfügung steht, sollten Sie ein ähnliches System anstreben. Gliedern Sie die Fläche in drei Teile und lassen Sie die Hühner jeweils einige Wochen in einem dieser Abschnitte scharren. In feuchten Regionen lohnt sich ein spezielles Herbst-/Wintergehege mit Kies – im Idealfall sogar überdacht, damit die Hühner auch bei feuchtem Wetter ins Freie dürfen.

Jeder Hühnerhalter sollte versuchen, den für seinen Garten optimalen Kompromiss zu finden. Wie Sie sich auch entscheiden, lassen Sie sich von einer goldenen Regel leiten: Je mehr Auslauf die Hühner bekommen, desto besser.

Eigenbau

VIELE HÜHNERHALTER WOLLEN NICHT VIEL GELD FÜR FERTIGE MODELLE AUSGEBEN UND BAUEN IHREN HÜHNERSTALL LIEBER SELBST. WER NICHT SO GESCHICKT IST, KANN SICH AUCH NACH EINEM GEBRAUCHTEN STALL UMSEHEN.

Es geht los

Je einfacher, desto besser

Da die klassischen Hühnerställe sehr einfach aufgebaut sind, sollte jeder einigermaßen geschickte Heimwerker mit einer Grundausstattung an Werkzeugen einen Stall bauen können. Die Arbeit wird eine gewisse Zeit in Anspruch nehmen und man braucht einen Plan oder eine Vorlage, die ggf. an die spezielle Situation angepasst werden muss. Letztlich bekommen Sie aber einen maßgeschneiderten Hühnerstall, in dem sich das Beste aus jedem Vorbild widerspiegelt.

Umgebaute Gartenlaube

Eine weitere, Kosten sparende Alternative sind gebrauchte Ställe oder der Umbau eines Gartenhäuschens. Gerade Gartenhäuschen sind relativ preiswert und lassen sich leicht zu einem Stall umrüsten. Man bekommt sie auch in jedem Baumarkt oder Gartencenter.

Oben Ein Stall mit schrägem Giebeldach im alten Stil.

Sie müssen eine Klappe und Nistboxen einbauen, das Fenster mit Hühnerdraht verkleiden, Ventilationsöffnungen bohren und eine oder zwei Stangen einbauen. Da Gartenhäuser für Menschengröße berechnet wurden, ist das Luftvolumen gewöhnlich groß genug. Das offene Fenster und die Luftlöcher versorgen Ihre Hühner mit genügend frischer Luft.

Für feuchte Tage empfiehlt sich eine Innentür mit Maschendraht: So bleiben die Hühner im trockenen Stall und bekommen dennoch genügend Licht. In der Nacht wird die feste Außentür geschlossen; in heißen Sommernächten darf sie offen bleiben, damit kühle Luft eindringen kann.

Wie groß?

Wie bereits erwähnt, hängt die Größe des Hühnerstalls von mehreren Faktoren ab: der Zahl der Tiere, der Größe der Rasse, dem verfügbaren Raum und ihren finanziellen Möglichkeiten. In einem kleinen Häuschen mit schrägem Giebeldach (120 x 100 cm) können Sie vier bis fünf große und sechs bis sieben Zwerghühner unterbringen. Als Faustregel braucht ein Huhn mindestens etwa 60 x 60 cm Platz. In einen Stall von 2 x 1,20 m passen also etwa acht Hühner.

Wo?

Am idealen Standort ist der Stall nicht der direkten Sonne ausgesetzt, sondern wird von Laubbäumen beschattet. Die Klappe ist von der Hauptwindrichtung abgewandt, damit kein Regen ins Innere geweht wird. Seitenfenster oder Lüftungsschlitze sind am besten der Nachmittagssonne zugewandt; so wird diese Seite des Stalls stärker erwärmt. Auch hier dürfte es kaum möglich sein, alle Kriterien optimal zu erfüllen – schließen Sie den best möglichen Kompromiss.

Sicherheit

Grenzen setzen

Füchse stellen, vor allem in den Städten, eine sehr konkrete Gefahr für Hühner dar. Die Tiere, die sich an das Leben in der Stadt angepasst haben, sind gewöhnlich nicht mehr so scheu wie ihre Vettern auf dem Land. Ganz gleich, ob Sie in der Stadt oder in einem Dorf wohnen, Hühner brauchen Schutz. In einem klassischen Hühnerhof zogen die Bauern einen 2 m hohen Zaun aus Maschendraht hoch, der mit Spannvorrichtungen zwischen soliden Holzpfosten aufgespannt wurde. Zum Schutz vor grabenden Raubtieren wurde der Maschendrahtzaun etwa 30 cm tief in den Boden eingelassen.

Hochsicherheitstrakt

Da sich ein zu allem entschlossener Fuchs selbst von einem gut gespannten, sicher verankerten Zaun nicht abschrecken ließ, zogen manche Hühnerhalter zusätzlich zwei elektrisch geladene Drähte in 20–30 cm Abstand vom Zaun; der unterste 20–25 cm über dem Boden, der obere parallel zum oberen Rand des Maschendrahtzaunes.

Eine solche Investition ist relativ teuer und sollte nur von sehr engagierten Züchtern in Betracht gezogen werden. Wer allerdings je erlebt hat, welche Verwüstungen ein Fuchs im Hühnerstall anrichtet, begreift sofort, warum manche Menschen derartigen Aufwand betreiben.

Schocktaktik

Wenn Sie die Lage des Geheges jederzeit verändern möchten, sind mobile Elektrozäune das Mittel der Wahl. In das Zaungewebe sind horizontale Stromleiter eingeflochten, die über eine 12-Volt-Batterie oder einen Transformator direkt vom Netz unter Strom gesetzt werden.

Oben Füchse bleiben die Feinde Nr. 1 für Geflügelhalter. Sie sind clever und töten wahllos.

Füchse scheinen diese Art von Zäunen zu hassen. Angeblich sollen sie den Strom bereits spüren, ohne den Zaun zu berühren und lassen sich abschrecken. Entsprechend würden sie allerdings auch bemerken, dass der Strom ausgefallen ist und sich an den Hühnern bedienen. Da diese Systeme gut und verlässlich funktionieren, beruhen jegliche Probleme gewöhnlich auf fehlerhafter Installation oder Wartung.

Anschalten nicht vergessen

Manche Hühnerhalter schalten den Strom aus, wenn sie füttern und vergessen ihn anschließend wieder einzuschalten. Außerdem sind Elektrozäune anfällig gegenüber Kurzschlüssen, die durch Zweige oder langes Gras ausgelöst werden. Achten Sie sorgfältig auf überhängende Zweige und schneiden Sie das Gras regelmäßig zurück. Prüfen Sie zur Sicherheit täglich, ob der Zaun noch funktioniert.

Nagetiere und andere Schädlinge

WO HÜHNER SIND, SIND AUCH RATTEN UND MÄUSE. OBWOHL MAN DIE NAGER NUR SELTEN ZU GESICHT BEKOMMT, SIND SIE ALLGEGENWÄRTIG. DER STALL IST WIE EIN SCHLARAFFENLAND: WARM, TROCKEN UND ES GIBT IMMER GENÜGEND FUTTER.

Nagetiere

Ratten und Mäuse finden natürlichen Unterschlupf in Komposthaufen, Holzstapeln und alten Scheunen. Hühner kommen ihnen sehr gelegen, denn wo Hühner sind, finden sie reichlich Nahrung sowie ein warmes Plätzchen.

Auf der Erde verstreutes Geflügelfutter und auf Bodenniveau liegende Hühnerställe wirken auf die nagenden Überlebenskünstler einfach unwiderstehlich. Dennoch sollte ein Geflügelhalter alles unternehmen, um Ratten fernzuhalten, denn sie können sowohl Menschen als auch Hühnern ernste Probleme bereiten.

Ratten nagen sich innerhalb weniger Minuten durch einen üblichen Stallboden aus Holz hindurch. Im Innern des Stalls fressen sie alles, was sie finden können. Sie knabbern sogar an den Schwanzfedern schlafender Hühner herum. In den Hohlräumen unter dem Stall bauen sich Ratten gerne ihre Nester, vorausgesetzt sie haben auch nur den Hauch einer Chance. Da eine normale Rättin sechsmal pro Jahr jeweils zwölf Junge wirft, wächst die Kolonie explosionsartig und unkontrollierte Rattenkolonien laufen rasch aus dem Ruder.

Die Leptospirose (Weil-Krankheit) ist die schlimmste Krankheit, die Ratten auf Menschen übertragen können.

Oben Geflügel und alles, was dazugehört, wirken wie ein Magnet auf Ratten; sie sorgen für reichlich Ärger.

Oben Auch Eichhörnchen können zur Plage werden; sie sind erstaunlich destruktiv.

Rechts Ein sicherer Zaun um den Auslauf schützt Ihre Hühner vor eindringenden Raubtieren und Sie vor entlaufenen Hühnern.

Es geht los

Wird diese Infektionskrankheit nicht rechtzeitig behandelt, kann sie sogar tödlich enden. Da die Erreger über den Rattenurin auf offene Wunden übertragen werden, müssen Sie grundsätzlich bei allen Reinigungsarbeiten im Hühnerstall dicht schließende Handschuhe tragen, insbesondere wenn Sie bereits einen Verdacht auf Rattenbefall hegen. Hühner können sich auch über Trinkwasser, das mit Rattenurin kontaminiert wurde, mit Leptospirose infizieren.

Schnelles Handeln

Sobald Sie Löcher im Boden Ihres Hühnerstalls oder verbreiterte Spalten im Eingangsbereich bei der Klappe entdecken, sollten Sie mit dem Schlimmsten rechnen und sofort tätig werden. Entweder versuchen Sie das Problem auf eigene Faust – mit Fallen oder Gift – zu lösen oder Sie beauftragen einen professionellen Schädlingsbekämpfer. Wirklich entscheidend ist jedoch vor allem schnelles und durchgreifendes Handeln, sonst könnte sich der Schaden zur Plage entwickeln. Der Fachhandel bietet eine Reihe unterschiedlicher Gifte an, die bei richtiger Anwendung ihre Wirkung tun.

Jede Form von Gift stellt eine potenzielle Gefahr dar und darf nur äußerst vorsichtig und gemäß den Sicherheitsvorschriften angewandt werden. Einige der besonders giftigen Präparate sind gefährlich für Haustiere, Wildtiere und vor allem für Kinder. Gehen Sie niemals Risiken ein, sondern halten Sie sich streng an die Packungshinweise!

Fallen lassen sich gezielter einsetzen und sind in der Regel sicherer; auch hier bietet der Handel unterschiedliche Modelle an. Einige fangen die Schädlinge lebend, doch dann müssen Sie das gefangene Tier selbst töten. Diese recht grausame Arbeit ist vielen Menschen ein Gräuel, deshalb greifen die meisten Hühnerhalter zu Schlagfallen, die ihre Opfer töten. Manche Fallen sind bereits mit Ködern versehen und müssen nicht „geladen" werden. Damit gehen Sie – nicht die Ratten – ein geringeres Verletzungsrisiko ein.

Selbstverständlich können Sie prophylaktisch stets einige Rattenfallen in der Nähe der Futtervorräte aufstellen und diese regelmäßig kontrollieren; noch besser ist es allerdings, wenn Sie sorgfältig darauf achten, kein Futter zu verstreuen.

Hühner-
haltung

Neben einem guten Hühnerstall, einer Stange und viel Platz brauchen Hühner ausgegwogenes Futter und frisches Wasser. Im folgenden Kapitel finden Sie alles rund um die Haltung.

Essen und Trinken

DIE REGELMÄSSIGE VERSORGUNG DER TIERE GEHÖRT ZU DEN ZENTRALEN AUF-
GABEN EINES GUTEN HÜHNERHALTERS. OB SIE WENIGE HENNEN IN KLEINEM STIL
ODER VIELE HÜHNER IN EINEM GROSSEN FREIGEHEGE HALTEN — DER AUFWAND IST
IN ETWA DER GLEICHE.

Das Verdauungssystem

Zunächst einige Grundlagen: Hühner sind Allesfresser, sie ernähren sich sowohl von tierischer (Insekten, Würmer, Schnecken usw.) als auch von pflanzlicher Nahrung. Hühner haben
keine Zähne, müssen ihre Nahrung also unzerkaut bzw. un-
zerkleinert schlucken. Entsprechend unterscheidet sich ihr
Verdauungssystem in wesentlichen Eigenschaften von unse-
rem. Das Futter rutscht den Schlund herunter und landet zunächst im Kropf, einer Art Tasche etwa in der Höhe des Hals-
ansatzes (auf der linken Körperseite). Dort wird das Futter
mit Wasser versetzt, quillt auf und wird etwas weicher. Wenn
Sie wissen wollen, ob Ihre Hühner fressen, brauchen Sie nur
vorsichtig den Kropf abzutasten.

Sobald das Futter weich genug ist, rutscht es durch die
Speiseröhre in den zweigeteilten Magen. Im ersten Teil, dem
Vormagen, wird das Futter mit Verdauungssäften vermischt;

Links Hühner sind Gewohnheits-
tiere; versuchen Sie möglichst,
weder die Futterzeiten noch die
Zusammensetzung des Futters zu
ändern.

Oben Da Hühner keine Zähne haben, können sie ihre Nahrung nicht zerkauen; daher ist ihre Nahrungsauswahl eingeschränkt. Das Bild zeigt eine Appenzeller Spitzhaube mit Hörnerkamm und Haube.

Das Verdauungssystem eines Huhns

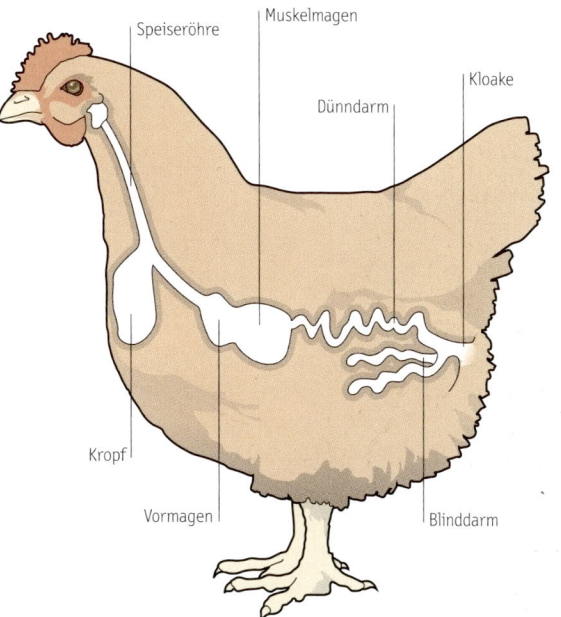

Speiseröhre — Muskelmagen — Kloake — Dünndarm — Kropf — Vormagen — Blinddarm

Oben Da Hühner keine Zähne haben, zerkleinern sie ihre Nahrung durch eine Kombination aus mechanischer und chemischer Arbeit.

die Proteine beginnen sich zu zersetzen. Im zweiten Abschnitt, dem kräftigen Muskelmagen, wird das Futter mechanisch zerkleinert. Zu diesem Zweck schlucken Hühner Steinchen, die wie Mini-Mühlsteine die harte Körnernahrung zerreiben. Die Nahrung wird solange zwischen Vor- und Muskelmagen hin und her geschoben, bis sie völlig zerkleinert ist.

Die Verdauungsenzyme

Aus dem Magen wandert die nun fein zerriebene und fast flüssige Nahrung weiter in den Dünndarm. Dort wird sie mit Gallensaft und Verdauungsenzymen vermischt. Die Galle neutralisiert die Magensäure und geht eine Verbindung mit den großen Fettmolekülen ein; die Enzyme bauen Proteine, Zucker und kleine Fettmoleküle ab.

Passage durch den Darm

Im Dünndarm werden die meisten Nährstoffe aus der Nahrung aufgenommen. Die Reste wandern in den Dickdarm, wo ihnen das Wasser entzogen und wieder in den Körper aufgenommen wird.

Die Muskeln des Darms schieben die nicht verwertbaren Abfälle (Fäzes oder Kot) in Richtung auf die Kloake zu. In dieser Öffnung am Hinterteil des Huhns treffen sich die Ausgänge von Darm, Blase und Eileiter. Ein normales Huhn erleichtert sich 20- bis 50-mal am Tag. Ein erfahrener Hühnerhalter kann am Zustand der Fäzes den Gesundheitszustand seiner Tiere erkennen. Die Ausscheidungen eines gesunden Huhns sind zweiteilig: ein fester, grünlich-brauner Anteil (die eigentliche Darmausscheidung) und ein weißer, weicher Anteil.

Ausgewogene Ernährung

FREI LAUFENDE HÜHNER PICKEN MAL HIER UND MAL DORT, DENNOCH SIND SIE AUF HÜHNERFUTTER ANGEWIESEN. DURCH DIE ZUCHT UND DAS EIERLEGEN VERBRAUCHEN SIE MEHR ENERGIE, ALS SIE SICH AUF DEM BEGRENZTEN RAUM, DER IHNEN ZUR VERFÜGUNG STEHT, AN NAHRUNG ZUSAMMENSUCHEN KÖNNEN.

Futtermischungen

Zum Glück für den Hühnerhalter bietet der Fachhandel spezielle Mischfutter an, die in verschiedenen Darreichungsformen und Zusammensetzungen erhältlich sind – für alle Altersgruppen und Typen. Sie enthalten in genau abgestimmter Mischung lebenswichtige Proteine, Fette, Calcium, Vitamine und Spurenelemente. Das alles wird vermischt und zu Pellets gepresst oder als feuchtes oder trockenes Futter in den Napf gefüllt. Sie müssen sich nur für die richtige Mischung entscheiden und zur richtigen Zeit füttern. Im Angebot sind Futtermischungen für Küken, Jung- und Legehennen, Glucken und Mastfutter für Hühner, die auf dem Tisch landen sollen – Sie entscheiden, was für Ihre Tiere infrage kommt.

Sehr junge Hühner bekommen ein spezielles, fein gemahlenes Kükenaufzuchtfutter (Starterfutter) mit einer speziellen Zusammensetzung. Unmittelbar nach dem Schlüpfen leben die Küken für zwei bis drei Tage von ihren inneren Reserven. Während dieser Zeit lernen sie, sich auf festes Futter umzustellen. Man bietet ihnen daher vom ersten Tag an Kükenaufzuchtfutter mit sehr kleiner Korngröße an. Davon ernähren sie sich gewöhnlich die ersten fünf bis sechs Wochen, dann werden sie auf normale Pellets oder Futtermischungen für Junghennen umgestellt. Dieses Futter enthält weniger Protein, dafür aber mehr Ballaststoffe. Das Futter bekommen sie wiederum bis zu dem Zeitpunkt, an dem sie zu legen beginnen – das sollte etwa im Alter von 18 Wochen der Fall sein.

Junghennen dürfen keinesfalls überfüttert werden, sonst werden sie zu fett und leiden unter allen möglichen Beschwerden, wenn sie zu legen beginnen (u. a. Prolapse). Nach einer guten Faustregel bekommt jedes Junghuhn etwa 125 g Futter täglich.

Im Alter von etwa fünf Monaten wird die Futtermischung nochmals umgestellt. Wenn Sie nur Eier sammeln möchten, bekommen die Hennen trockenes/feuchtes Mischfutter oder Pellets. Sollen die Hühner aber in der Küche enden, werden sie nun auf Glucken- oder Mastfutter umgestellt. Es kann für den privaten Hühnerhalter unter Umständen allerdings schwierig sein, dieses Futter zu bekommen.

Links Einige Futtertypen (von links nach rechts): Kükenaufzuchtfutter, Pellets und Mischfutter.

Traditionelle Hühnerhaltung

Früher gab es keine Pellets, daher lehnen viele Hühnerhalter diese Futterform immer noch ab. Sie votieren für einen Futterbrei, in dem dieselben Zutaten in lockerer Mischung verarbeitet werden. Das Futter wird unterschiedlich stark zermahlen und trocken oder feucht (gemischt mit Wasser zu einer breiigen, aber nicht weichen Masse) gefüttert. Dieses Futter ist nicht nur etwas preiswerter als Pellets, viele Halter glauben auch, dass es besser verdaut wird. Andererseits verleitet es manche Hühner dazu, sich nur die leckersten Stücke herauszupicken und den Rest übrig zu lassen.

Egal wofür Sie sich entscheiden: Achten Sie auf das Verfallsdatum der Mischung. Im Laufe der Zeit werden Vitamine und Mineralien abgebaut – die meisten Halter schwören daher auf Futter, das nicht älter ist als drei Monate. Pellets müssen stets in einem abgeschlossenen Behälter, unzugänglich für Ratten und Mäuse, gelagert werden. Das Futter darf keinesfalls feucht werden, sonst wird es schimmlig und sauer.

Schrot und Korn

Vergessen Sie niemals, dass eine gute Ernährung nur mit einem hohen Anteil groben Materials gewährleistet ist. Ohne harte Bestandteile im Muskelmagen bekommen die Hühner ihre Körnernahrung nicht zerrieben. Während die Hühner in der Natur beim Picken in der Erde genügend Steinchen aufnehmen, sind normale Hühner, die niemals ihren Stallbereich verlassen, auf Ihre Hilfe angewiesen. In einem geschroteten Mischfutter sind kleine Granitsteinchen und gemahlene Muschelschalen enthalten. Sie liefern eine Extraportion Calcium, welches die Hühner für die Bildung von Eierschalen brauchen.

Selbstbedienungstheke

Am besten stellen Sie einen kleinen Napf mit Futter im Stall auf, wo er für die Hühner jederzeit erreichbar ist. Dann können sie sich je nach Lust und Laune bedienen und ihren Hunger jederzeit stillen.

Links Alle Hühner brauchen regelmäßig Steinchen, um die Nahrung aufschließen zu können.
Im Freiland ist das kein Problem, Stallhühner müssen extra damit versorgt werden.

Reste und Leckerbissen

HÜHNER LIEBEN DIE MEISTEN KÜCHENABFÄLLE, DIE MAN IHNEN SERVIERT: OBST, GEMÜSE, MAISKOLBEN, SCHALEN USW. FERTIGES HÜHNERFUTTER DECKT ZWAR DEN NAHRUNGSBEDARF, DOCH AUCH DAS FEDERVIEH FREUT SICH ÜBER ABWECHSLUNG.

Oben Hühner müssen ausgewogen ernährt werden. Pellets reichen völlig aus, auch wenn sich Hühner über gelegentliche Leckerbissen freuen.

Küchenabfälle

Kartoffelschalen werden in salzlosem Wasser gekocht – das Gleiche gilt für alle anderen grünen Gemüsesorten – und dann zusammen mit dem Mischfutter verfüttert. Hühner mögen Kohl, Salat oder Frühgemüse aber auch in frischer, roher Form.

Vermeiden Sie jegliches salziges oder süßes Futter; es könnte einem Huhn schaden, wenn es zu viel davon frisst. Es gibt Geflügelhalter, die ihren Tieren Brot und Butter, Hefe auf Toast, Haferbrei, sogar Schokolade anbieten. In offiziellen Lehrbüchern zur Geflügelzucht werden Sie darüber sicher nichts finden (nur reiner Haferbrei wird als gesunder Lecker-

bissen akzeptiert), aber manche Menschen schwören, dass ihre Hühner derartige Leckerbissen mögen. Gewöhnen Sie sich diese Art des Fütterns besser gar nicht erst an – und wenn, dann nur sehr selten.

Hühner lieben Körnermischungen, wie Mais und Weizen. Da sie von diesem Futter stark zunehmen, sollte es aber ein seltener Leckerbissen bleiben. Allerdings ist nichts dagegen einzuwenden, wenn Sie täglich ein bis zwei Handvoll Körner auf den Boden des Geheges streuen. Auf der Suche nach den Körnern bewegen sich die Hühner intensiv und sind ein paar Stunden lang beschäftigt.

Futterzusätze

Viele Firmen bieten eine Unzahl von Futterzusätzen mit fantastisch klingenden Werbeversprechen an, die angeblich vielerlei Vorteile bieten. Leider wird in den seltensten Fällen angegeben, welche Beweise für die Wirkung dieser „Wundermittel" vorliegen. Die meisten sind in der Tat unnötig!

Es gibt allerdings ein paar natürliche Optionen. Fragen Sie aber vorher Ihren Tierarzt, ob er Ihnen zuraten würde oder ein bestimmtes Mittel ablehnt. Englische Geflügelzüchter schwören auf den Apfelessig als altes Hausmittel, der für alle möglichen segensreichen Wirkungen verantwortlich gemacht

Links Aloe vera hat natürliche antibiotische, antiseptische, entzündungshemmende und das Immunsystem stimulierende Eigenschaften. Viele Hühnerhalter schwören darauf.

wird. Da Essig bereits seit Jahrhunderten als medizinisches Allheilmittel eingesetzt wird, kann sich ein Hühnerhalter zumindest auf die Erfahrungen vieler Generationen berufen. Auch frische Äpfel, die natürliche Vitamine und Mineralien zu bieten haben, sind eine bewährte Nahrungsergänzung.

Laut den Angaben mancher Firmen hebt Apfelessig den Säuregehalt des Körpers und steigert damit den Widerstand gegen Bakterien und Viren. Einige Züchter sind davon überzeugt, dass er als wirkungsvolles Tonikum den Vögeln dabei hilft, Stress zu bewältigen, wenn etwa bei der Mauser die Energievorräte des Körpers abnehmen. Wenn Sie Apfelessig ausprobieren möchten, sollten Sie sich für ein naturtrübes, ungefiltertes Produkt entscheiden (der klare Essig aus dem Supermarkt ist nur eine Kochzutat).

Ein weiterer natürlicher Zusatz ist Knoblauch; viele erfahrene Züchter geben auch für alle Fälle Aloe vera, weil sie deren natürliche antibiotische, entzündungshemmende, antiseptische und das Immunsystem stimulierende Eigenschaften schätzen.

Oben Der Handel bietet eine Vielzahl von Futterautomaten an. Beachten Sie, dass nicht alle für jede Rasse geeignet sind.

Näpfe und Automaten

Machen Sie sich ruhig ein paar Gedanken über die Futter- und Wassernäpfe, ehe Sie viel Geld für eine nutzlose Spielerei ausgeben. Wie Wasser und Futter angeboten werden, richtet sich ausschließlich nach Ihren speziellen Bedingungen.

Gefüttert wird am einfachsten in einer flachen Schale. Schwere Gefäße aus Ton sind besser als Plastik; sie kippen nicht sofort um, wenn ein Huhn darauftritt. Die Größe des Napfes richtet sich nach der Anzahl der Hühner und ob Sie Pellets oder Futterbrei füttern. Solange Sie nicht zu viele Hühner halten, ist für beides ein Napf völlig ausreichend. Allerdings besteht die Gefahr, dass die Hühner durch das Futter laufen und es beschmutzen. Automatische Futtersysteme sind teurer, zahlen sich aber langfristig aus.

Der beste Platz für einen Futterautomaten ist ein überdachter Raum – im Stall oder unter einem Schutzdach im Auslauf –, wo er von der Decke hängt. Einige Modelle aus Kunststoff oder Metall werden oben von einer Art Schirmdach abgeschlossen; sie halten das Futter auch im Freien trocken. Entscheiden Sie sich unbedingt für ein System mit

einem ausreichend großen Vorratsbehälter. Bei zu kleinen Futterautomaten kann das Nachfüllen auf die Dauer lästig werden. Gute Näpfe haben einen nach innen eingerollten Rand oder schließen mit einem Gitter ab, damit die Hühner das Futter nicht ständig verstreuen.

Dieselben Regeln gelten prinzipiell auch für Trinknäpfe. Erwachsene Hühner kommen gut mit Trögen zurecht – Küken könnten darin ertrinken –, doch ein automatischer Wasserspender ist auch hier die bessere Wahl. Er versorgt die Hühner selbst dann mit Wasser, wenn Sie mehrere Tage lang keine Zeit haben. Kein frisches Wasser zu bekommen, gehört zu den schlimmsten Erfahrungen eines Huhns und viele Anfänger unterschätzen die Wassermenge, die ein Huhn täglich braucht: Ein üblicher Wasserspender mit 30 Litern Fassungsvermögen kann acht Hühner zwei Tage lang versorgen.

Übrigens sollten Sie bedenken, dass Rassen mit Hauben Wasserautomaten mit schmalen Spendern brauchen, damit sie sich beim Trinken ihre Haubenfedern nicht nass machen. Fragen Sie beim Kauf solcher seltenen Rassen am besten gleich nach geeigneten Futter- und Wasserautomaten.

Alles im Griff

**WIE PACKT MAN ES AM BESTEN AN? HIER LESEN SIE, WIE SIE DAS HUHN FACH-
MÄNNISCH FESTHALTEN UND HOCHHEBEN. HIN UND WIEDER SOLLTEN SIE IHRE
TIERE GENAUER UNTER DIE LUPE NEHMEN, DAMIT IHNEN GEWICHTSVERLUST,
PARASITENBEFALL ODER MÖGLICHE KRANKHEITEN AUFFALLEN.**

Nur wenn Sie lernen, ein Huhn richtig anzufassen, wird es
weder panisch noch mit Stress reagieren. Gestresste Hühner
sind unglückliche Hühner, sie könnten das Legen einstellen
oder anfällig gegenüber Infektionen werden. Gehen Sie nach
festen Regeln vor:

Stellen Sie sicher, dass sich die Hühner in Ihrer Gegenwart
wohl fühlen. Wenn Sie Ihre Tiere als Küken bekommen und mit
der Hand aufgezogen haben, dürfte das kein Problem sein.
Fremde Hühner, die Sie erst als erwachsene Tiere erworben
haben, sind zunächst scheu. Gewöhnen Sie die Neuen an eine
feste Futterroutine und bleiben Sie bei ihnen, während sie
fressen und trinken – zunächst noch völlig passiv. Die Hühner
werden sich bald an Ihre Gegenwart gewöhnen.

Einfangen

Nähern Sie sich vorsichtig und langsam, wenn Sie ein Huhn
einfangen möchten. Plötzliche Bewegungen, laute Geräusche
oder viele fremde Menschen machen Hühner nervös. Am besten gelingt das Einfangen in der Abenddämmerung. Dann
sind die Tiere ruhig und bereiten sich auf den Schlaf vor.
Drängen Sie das bewusste Huhn vorsichtig in eine Ecke, ho-
cken Sie sich nieder und breiten Sie die Arme weit aus, damit
es nicht an Ihnen vorbeirennt. Wenn es ruhig sitzen bleibt,
greifen sie zügig und entschieden nach den Beinen. Fassen
Sie niemals Hals, Flügel oder den Schwanz an.

Halten Sie die Beine fest und ziehen Sie das Huhn an Ihre
Brust; es beruhigt sich und hört auf, mit den Flügeln zu
schlagen. Hühner fühlen sich am sichersten, wenn Sie in sta-
bil und ausbalanciert festgehalten werden: Legen Sie dazu
Ihren Arm von vorn nach hinten unter das Huhn und stützen
Sie es mit Unterarm und Hand (Handfläche nach oben) unter

dem Körper ab; die Beine des Huhns werden zwischen den
gespreizten Fingern fixiert. Der Griff sollte nicht zu fest
sein, die beiden Beine dürfen sich nicht berühren. Nun sitzt
das Huhn sicher, seine Brust liegt auf Ihrem Unterarm. In
dieser Position fühlt es sich wohl und kann beliebig lange
festgehalten werden.

Es hat noch einen weiteren VorteiL: Sollte sich das Huhn
gerade jetzt entschließen, sich zu erleichtern, fällt alles vor
Ihnen zu Boden und landet nicht auf Arm oder den Beinen.

Oben Wenn Sie ihre Hühner regelmäßig aufnehmen, erkennen sie sofort
erste Anzeichen von Problemen – von Nasenausfluss bis zu Parasitenbefall.

Üben Sie keinen Druck aus

Achten Sie darauf, das Huhn nicht zu „erdrücken". Es wird mit Panik reagieren und lässt sich anschließend nur noch ungern hochheben. Einige Rassen lassen sich weniger bereitwillig aufnehmen als andere. Leichtere Rassen, wie die Italiener oder Anconas, sind als „flugfreudig" bekannt. Bei ihnen haben selbst erfahrene Hühnerhalter gelegentlich Schwierigkeiten. Schwere Rassen, wie die Orpington und Sussex, sind eher als gemütlich bekannt; sie verhalten sich gewöhnlich freundlich, wenn man keine groben Fehler macht.

Kein Zwang

Sollte es Ihnen trotz allem nach einigen Versuchen nicht gelungen sein, das Huhn aufzunehmen, lassen Sie es in Ruhe. Je häufiger Sie es versuchen, desto mehr regt es sich auf. Letztlich zerstören Sie durch Druck das Vertrauensverhältnis zwischen Huhn und Halter und es wird immer schwieriger werden, das Huhn zu fangen. Treten Sie beiseite, lassen Sie Gras über die Sache wachsen und versuchen Sie es am nächsten Tag nochmals. Hühner aufzunehmen ist in der Tat eine Sache des Selbstvertrauens.

Oben Ein ausbalancierter Griff ist wichtig, so auch bei diesem Zwerg-Hamburger.

Der saubere Stall

IST IHR HÜHNERSTALL FRISCH GEPUTZT? ES MUSS ZWAR NICHT SO ORDENTLICH WIE IN IHREM WOHNZIMMER SEIN, DOCH AUSSCHEIDUNGEN, ALTES HÜHNERFUTTER ETC. SOLLTEN REGELMÄSSIG ENTFERNT WERDEN, UM GESUNDHEITSPROBLEME ZU VERMEIDEN.

Hygiene im Hühnerstall

Vermeiden Sie zu dichten Hühnerbestand. Enge ist nicht nur schlecht für die Hühner, sondern auch für Sie. Tiere, die dicht an dicht leben müssen, leiden stärker unter Stress, sie sind schlecht gelaunt und beginnen aggressiv auf ihre Artgenossen zu reagieren. Dies wiederum hat destruktives Verhalten zur Folge: Pickattacken und zerstörte Eier. Beide Verhaltensweisen lassen sich kaum wieder ausmerzen, denn die meisten Hühner lassen nicht von ihren Gewohnheiten ab. Ihre Aufgabe ist es daher, derartige Auswüchse gar nicht erst entstehen zu lassen. Ein übervölkerter Hühnerstall muss auch viel öfter und gründlicher gereinigt werden als ein Stall mit der richtigen Zahl von Bewohnern – lauter gute Gründe, die Zahl der Hühner klein zu halten.

Oben Staubfreie Streu ist optimal; sie gehört auf den Boden und in die Nistboxen.

In einigen Ställen ist der Boden unter der Stange ausziehbar. Nach der Nacht, in der Hühner etwa 50% ihres Kots abgeben, wird der Boden (Kotbrett) wie eine Schublade ausgezogen und kann täglich gereinigt werden. Da schmutzige Böden eine Brutstätte für Milben darstellen, darf sich nirgends im Stall eine Kotkruste bilden. Das Gleiche gilt für die Streu auf dem Boden oder in den Nistboxen. Sie muss gewechselt werden, bevor sie feucht wird, stinkt oder verschimmelt. In schmutzigen Ställen lauern zahlreiche Infektionsherde, vor allem für Krankheiten der Atemwege.

Bodenstreu

Als Streu eignen sich verschiedene Materialien. Früher griff man meist auf das preiswerte und stets verfügbare Stroh zurück. Stroh ist allerdings pflegeintensiv. Flüssigkeit dringt durch, wird aufgesaugt und die Strohschicht beginnt zu verfaulen, obwohl die Oberfläche noch sehr gut aussieht. Um das Ausmaß einer möglichen Verunreinigung rechtzeitig zu erkennen, sollte Strohstreu regelmäßig gewendet werden.

Die meisten modernen Hühnerhalter bevorzugen Hobelspäne als preiswerte und praktische Lösung. Sie werden in den Nistboxen und auf dem Boden ausgestreut. Wählen Sie nur helles, weiches Holz, denn beigemischte dunkle und harte Hölzer neigen zum Splittern.

Auch Sägespäne sind eine beliebte, preiswerte Alternative. Ihr größter Nachteil ist die Staubbildung, was wiederum die Gefahr von Atemwegsinfektionen erhöht. Inzwischen gibt es neue Materialien, beispielsweise auf der Basis von Hanf, die auch in Pferdeställen genutzt werden. Dieses staubfreie Material stellt die teuerste Alternative dar, ist aber ideal, um das Infektionsrisiko für Küken zu senken.

Rechts Der Boden des Stalls sollte
immer sauber und frisch sein.

45

Putzen

Gehen Sie beim Reinigen Ihres Hühnerstalls methodisch vor.
Entwickeln Sie eine Routine, die Sie genau einhalten; damit
garantieren Sie erfahrungsgemäß die besten Bedingungen
für Ihre Hühner.

Bauen Sie alle zwei Wochen die Stangen aus, kratzen Sie
den Kot ab und schrubben Sie die Oberfläche mit einem handelsüblichen Desinfektionsmittel für Tiere. Entfernen Sie jegliche sichtbare Anzeichen von Schmutzkrusten auf dem Boden. Nach einer Grundreinigung sollte der Stall etwa zwölf
Wochen lang sauber bleiben – die Zeit ist natürlich abhängig
von der Zahl der Hühner.

Aufmerksame Hühnerhalter richten sich nach dem Geruch
und den sichtbaren Anzeichen von Schmutz auf Boden und
Streu. Zu häufiges Wechseln der Streu ist nicht empfehlens-
wert, warten Sie andererseits zu lange ab, züchten Sie mit
großer Sicherheit Krankheitsherde.

Behalten Sie die Streu in den Nistboxen im Auge. Am besten reinigen und desinfizieren Sie die Boxen alle paar Monate (in heißen Sommern häufiger) und wechseln Sie ver-
schmutzte Streu aus.

Großputz

Einmal im Jahr muss der ganze Stall gründlich gereinigt
werden. Besorgen Sie sich am besten einem Hochdruckreiniger, räumen Sie alles aus und strahlen Sie die Wände, den
Boden und alles mit Wasser ab. Warten Sie auf warmes Wetter, dann trocknet der Stall schneller wieder aus. Nach der
Reinigung werden alle Oberflächen desinfiziert. Benutzen
Sie ein spezielles Mittel aus dem Fachhandel (Haushaltsreini-
ger sind nicht geeignet).

Tauschen Sie die Stangen aus, reinigen Sie die Nistkästen
gründlich und sorgen Sie dafür, dass Futter- und Wassernäpfe pikobello sind.

Das saubere Gehege

FRISCHLUFT IST GESUND UND MACHT HÜHNER GLÜCKLICH. SORGEN SIE DAFÜR, DASS DAS AUSSENGEHEGE SAUBER UND TROCKEN BLEIBT, DENN KEIN HUHN STEHT AUF DRECK, MATSCH UND SCHLAMM.

Hühnerhaltung

Der Untergrund

Zu Anfang sieht jeder Auslauf mit frischem, grünem Gras sehr hübsch aus, doch binnen kürzester Zeit können einige Hühner den Rasen in eine schmutzige, matschige Fläche verwandeln. Eine – allerdings zeit- und arbeitsintensive – Lösung wäre, die Hühner umzusiedeln, den Boden zu ebnen und neu-en Rasen auszusäen. Da dies aber nur in einem wirklich großen Garten möglich wäre, fällt diese Möglichkeit für die meisten Hühnerhalter aus.

Daher ist es in der Regel günstiger, gänzlich auf den Rasen zu verzichten und den Untergrund stattdessen mit Kies und tiefer Streuschicht vorzubereiten.

Links Hühner bleiben in einem großen und abwechslungsreich gestalteten Gehege aktiv und gesund.

Oben Hühner müssen sich bewegen, sonst werden sie leicht zu fett.
Ein Auslauf ist wichtig.

Ihre Hühner fühlen sich auch auf solchen Böden wohl – wenn Sie alles richtig machen – und Sie ersparen sich den Ärger über zerstörte Vegetation. Eine künstliche Streuschicht ist auch für kleine, überdachte Gehege mit festen Seitenwänden die beste Lösung.

In beengten Verhältnissen lebende Hühner brauchen Abwechslung, sonst fühlen sie sich nicht wohl. Außerdem werden gelangweilte Hühner, die sich weder beschäftigen noch bewegen, rasch zu fett. Wilde Hühner sind ständig unterwegs, um auf dem Boden nach Nahrung zu scharren – ohne dieses natürliche Verhalten werden Haushühner träge, ihre Gesundheit und Legeleistung leiden. Auch Haushühner sollten für ihr Futter arbeiten müssen.

Mischen Sie eine Handvoll Pellets oder Maiskörner unter die Streuschicht und Ihre Hühner werden mit Begeisterung danach suchen. Bauen Sie wechselnde Hindernisse ein und platzieren Sie die Belohnungen an unterschiedlichen Plätzen. Binden Sie einen frischen Kohlkopf so an der Dachkonstruktion fest, dass er gerade über Kopfhöhe der Hühner hängt. Sie werden sehen, dass die Hühner hochhüpfen, um ein Stück davon abzukommen – eine gute Übung für Tiere in kleinen Gehegen.

Ist der Auslauf vor der Witterung geschützt, können sie Weichholz-Hobelspäne ausstreuen. In ungeschützten Gehegen würde der Regen die Hobelspäne allerdings zu schnell durchweichen; hier sind Kies oder Rindenmulch besser geeignet. Jedes Material wird etwa ein Jahr lang mehr oder weniger frisch bleiben, danach sollte es komplett ausgetauscht werden. Leider wird der Boden oft vergessen. Denken Sie immer daran, dass Sie verantwortlich für die Gesundheit und das Wohlbefinden Ihrer Hühner sind.

STAUBBÄDER

Hühner, die sich überwiegend in einem abgeschlossenen Gehege aufhalten, brauchen ein Staubbad. Stellen Sie eine flache Kiste mit trockener, feiner Erde oder Holzasche auf (Kohlenasche ist ungeeignet, sie fördert Kalkbeine). Die Größe des „Bades" richtet sich nach den Hühnern: Das größte Tier sollte darin noch bequem seine Flügel ausbreiten können.

Hühner nehmen Staubbäder als natürliche Abwehr gegen Läuse und andere Parasiten. Gönnen Sie ihnen dieses kleine, aber wichtige Vergnügen.

Oben *Hühner nehmen Staubbäder gegen Parasiten. Auf diese natürliche Weise bekämpfen sie Läuse und Milben.*

Vorbeugung

SIE LERNEN IHRE HÜHNER AM BESTEN KENNEN, WENN SIE SIE REGELMÄSSIG BEOBACHTEN: WIE VERHALTEN SIE SICH? WELCHES HUHN IST DER CHEF UND WELCHES BEKOMMT ALLES AB? NUR WENN SIE IHRE HÜHNER RICHTIG GUT KENNEN, SEHEN SIE, WENN ETWAS NICHT STIMMT.

Wurmbefall

Ein guter Hühnerhalter nimmt sich die Zeit, seine Tiere zu beobachten; allerdings sollte es nicht bei der reinen Anschauung bleiben. Nehmen Sie Ihre Hühner regelmäßig hoch, um sie auf Parasiten zu untersuchen, prüfen Sie Gewicht und den Allgemeinzustand. Parasiten und andere Krankheiten werden später noch genauer betrachtet (S. 190–199), hier stehen die Eingeweidewürmer im Mittelpunkt.

Hühner werden von mehreren unangenehmen Wurmparasiten befallen, besonders häufig von Fadenwürmern (Nematoden). Die größten Arten sind bis 12 cm lang und ziemlich dick. Ihre Eier werden von Regenwürmern übertragen. Sobald die Eier in den Verdauungstrakt der Hühner gelangen, schlüpfen

Oben Die Zeit, in der Sie den Hühnern zusehen, ist niemals verschwendet, denn nur so fallen Ihnen Unregelmäßigkeiten auf.

die Würmer aus und wachsen in Junghennen innerhalb von sechs Wochen zu ihrer Endgröße heran (in älteren Hühnern dauert es acht Wochen). Dann legen sie selbst Eier, die über den Hühnerkot ins Freie gelangen und wieder von Regenwürmern aufgenommen werden: der Kreislauf vollendet sich. Von Nematoden befallene Junghennen verlieren Gewicht, ihr Gefieder wird dünner, sie haben Durchfall, kauern sich nieder und können schlimmstenfalls sogar sterben. Ist der Befall weniger stark, entwickeln sich die Hühner langsamer, nehmen weniger zu und verhalten sich ruhig.

Die Gefahr einer Infektion mit Fadenwürmern nimmt auf schlammigen Böden oder in der Nähe schlecht platzierter Trinkgefäße zu – feuchter Boden lockt Regenwürmer an. Etwa ab einem Alter von drei Monaten verändert sich der Darm der Hühner. Ältere Tiere leiden daher seltener unter solchen Infektionen.

Hühner werden auch von Plattwürmern befallen, doch die Folgen sind weniger einschneidend. Erwachsene Plattwürmer verbeißen sich in den Darmwänden junger Hühner und werfen Körpersegmente voller Eier ab. Die Eier gelangen mit dem Kot ins Freie und werden von Schnecken und Käfern gefressen. Hühner, die solche Tiere aufpicken, übernehmen die Eier und infizieren sich. Zu den Symptomen gehören Gewichtsverlust, ausfallende Federn, Schwäche und langsames Wachstum. Bei sehr starkem Befall kann blutiger Durchfall auftreten.

Gegen Wurmbefall helfen spezielle Entwurmungsmittel aus dem Fachhandel; fragen Sie Ihren Tierarzt nach einem geeigneten Präparat. Führen Sie zweimal pro Jahr eine prophylaktische Entwurmung durch. Dabei sollten Sie allerdings bedenken, dass Sie die Hühner eine Zeitlang nicht mehr essen

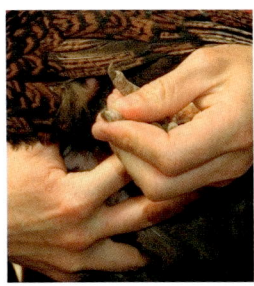

dürfen. Die Dauer dieser Phase richtet sich nach dem Produkt und ist auf dem Beipackzettel angegeben; fragen Sie im Zweifelsfall beim Tierarzt oder dem Hersteller nach.

Schnabel und Krallen beschneiden

Der Hühnerschnabel besteht aus Keratin (eine Hornsubstanz). Er wächst ständig weiter, weil er sich in der Natur durch die Nahrungssuche kontinuierlich abnutzt. Da Haushühner meist weicheres Futter bekommen und nur selten Gelegenheit haben, ihren Schnabel abzuwetzen, sollte ein wachsamer Hühnerhalter die Schnäbel seiner Tiere regelmäßig kontrollieren und diese gegebenenfalls zurückschneiden.

Der Oberschnabel wächst etwas schneller und wird schließlich länger als der Unterschnabel, sofern er nicht gekürzt wird. Ein gesundes, pickendes Huhn hält die beiden Schnabelhälften natürlicherweise auf etwa der gleichen Länge. Mit einem überlangen Oberschnabel bekommen die Hühner Schwierigkeiten beim Fressen und Trinken.

Gewöhnlich wird der hellere, äußere Anteil des Schnabels abgeschnitten. Das geht am besten mit einer scharfen Nagelschere mit geraden Schneiden. Schneiden Sie nicht zu tief, sonst geraten Sie in lebendes Gewebe. Sollten Sie sich diese Arbeit am Anfang nicht zutrauen, bitten Sie einen Tierarzt oder einen erfahrenen Züchter um Hilfe.

Auch die Krallen müssen regelmäßig eingekürzt werden, vor allem wenn sich Ihre Hühner ausschließlich auf weichem Untergrund bewegen oder nicht oft ins Freie dürfen. Werden die Krallen zu lang, können sich die Hühner nicht mehr frei bewegen und sogar Fußprobleme bekommen. Die „Fußnägel"

SCHNABELPROBLEME

Viele Küken schlüpfen mit genetisch bedingten Schnabeldeformationen aus ihren Eiern. Greifen Sie bei der Zucht nicht auf diese Tiere zurück. Gedrehte Schnäbel kommen relativ häufig vor: der Schnabel wächst nicht gerade, sondern nach rechts oder links. Bei einem „offenen" Schnabel stoßen Ober- und Unterschnabel nur an der Spitze zusammen, dazwischen bleibt ein Spalt offen.

Es kommt auch vor, dass der Unterschnabel deutlich kürzer ist als der Oberschnabel. Vögel mit diesen Missbildungen haben Schwierigkeiten beim Fressen und Trinken.

Oben   Bei diesem Huhn passen Ober- und Unterschnabel nicht genau aufeinander – es hat Schwierigkeiten beim Fressen.

von Hühnern zu beschneiden, ist ein etwas kitzliger Job; bitten Sie im Zweifelsfall wiederum jemanden um Hilfe.

Hähnen wächst kurz oberhalb des Fußes eine zusätzliche „Kralle" nach hinten, der so genannte Sporn. Auch der Sporn muss beschnitten werden.

Schönes Gefieder

DAS AUSSEHEN EINES HUHNES WIRD IM WESENTLICHEN VON SEINEM GEFIEDER BEEINFLUSST: BUNT GEFÄRBT, GLÄNZEND, ENG ANLIEGEND ODER ABSTEHEND. EINMAL IM JAHR WIRD DAS GEFIEDER GEWECHSELT. DIESEN PROZESS NENNT MAN MAUSER.

Pflege bei der Mauser

Die Mauser beginnt gewöhnlich im Spätsommer. Obwohl es sich dabei um einen natürlichen Prozess handelt, erleben Hühner die Mauser als Stress. Federn bestehen zu 80% aus Protein; ihr Ersatz kostet sehr viel Energie. Die gesamten Energiereserven des Körpers fließen in die Bildung neuer Federn ein; die Hühner legen nicht mehr und ihre Aktivitäten nehmen ab. Die Gesamtdauer der Mauser ist von Rasse zu Rasse unterschiedlich, dauert aber bei einem gesunden Vogel während der ersten oder zweiten Mauser selten länger als acht Wochen. Tatsächlich kann man von der Dauer der Mauser – bei derselben Rasse – sogar auf die Legeleistung schließen: Hennen, die ihre Mauser besonders rasch absolvieren, sind die besseren Legehennen.

Im ersten Lebensjahr mausern sich die Hühner noch nicht. Ein im Frühling geschlüpftes Küken trägt im Herbst die erste Federgeneration und behält sie weitere zwölf Monate. Bei älteren Hühnern dauert die Mauser länger, entsprechend ver-

Links Lassen Sie sich nicht vom Aussehen der Hühner in der Mauser irritieren; Das Huhn ist nicht krank, es erneuert nur sein Gefieder.

Oben Flugfähigen Rassen werden die großen Schwungfedern gestutzt, damit frei laufende Tiere nicht entwischen. Entfernen Sie nur die Spitzen einer Flügelhälfte.

Gestutzte Flügel

Obwohl es sich grausam anhört, ist das Stutzen der Flügel keine schmerzhafte Angelegenheit. Es wird bei Rassen angewandt, die gerne fliegen und hilft dem Hühnerhalter dabei, die Hühner an Ort und Stelle zu halten. Zwar ist keine Hühnerrasse zu wirklichen Flugkünsten fähig, aber manche flattern gut genug, um den Sprung auf einen Baum und über alle Zäune zu schaffen. Wer nicht gerade ein großes, nach oben abgeschlossenes Freigehege besitzt, bekommt Probleme mit seinen entfliehenden Vögeln – insbesondere in Wohngebieten.

Um das zu verhindern, werden die Spitzen der großen Schwungfedern abgeschnitten. Stutzen Sie nur einen Flügel, damit das Huhn die Balance im Flug verliert. Wenn es zu starten versucht, flattert es nur im Kreis, nicht geradeaus. Wie bei den Krallen und dem Schnabel kommt es auf das rechte Maß an. Wenn Sie zu tief schneiden, beginnen die Schnitte zu bluten. Richten Sie sich nach der Farbe: Schneiden Sie nur im hellen Bereich, etwa 5 cm unterhalb des Flügelrandes.

längert sich auch die Phase, in der sie keine Eier legen. Wegen dieser Ruhepause sollten Sie während der Wintermonate nicht auf kontinuierliche Eierversorgung hoffen.

Während der Mauser brauchen Hühner besonders viel Zuwendung; jetzt sollte ihre tägliche Routine so wenig wie möglich verändert und jegliche Störung vermieden werden. Es ist sehr hilfreich für die Tiere, wenn Sie das Futter auf den erhöhten Proteinbedarf umstellen. Es gibt spezielle Futtermischungen, die den Bedürfnissen während der Mauser Rechnung tragen, andere Geflügelhalter füttern eine kleine Tagesration Extra-Protein zu.

Die Mauser der Halsfedern (Teilmauser) stellt einen Sonderfall dar. Sie tritt bei Junghennen kurz vor dem Zeitpunkt auf, an dem sie zu legen beginnen. Obwohl dabei nur die Federn am Hals erneuert werden, reicht die Anstrengung aus, um den Legebeginn zu verzögern. Die Mauser der Halsfedern kann auftreten, wenn die Hühner zu früh vom Futter für Junghennen auf Pellets für Legehennen umgestellt wurden. Sie wird bei auch Hennen, die im Frühherbst mit dem Legen begonnen haben, durch die kürzer werdenden Tage initiiert.

Oben Während der jährlichen Mauser brauchen Hühner viel Zuwendung, denn in dieser Zeit steigt ihr Stresspegel stark an.

Schlechte Angewohnheiten

AUCH HÜHNER MACHEN NICHT IMMER, WAS SIE SOLLEN: DIE EINEN FRESSEN NUR BESTIMMTES FUTTER, DAVON ABER VIEL ZU VIEL, DIE ANDEREN HACKEN AUF IHREN KOLLEGINNEN HERUM ODER PICKEN EIER AN. VERSUCHEN SIE, DIE SCHLECHTEN ANGEWOHNHEITEN DURCH ABWECHSLUNG IM HÜHNERSTALL ZU VERMEIDEN.

Mollige Hühnchen

Hühner leiden genau wie Menschen unter Fettleibigkeit. Die Gründe sind meist zu viel falsches Futter und zu wenig Bewegung – an beidem ist gewöhnlich der Halter schuld. Es ist nicht gut für Hühner, wenn sie zu viel Futter bekommen. Sie fressen alles, was man ihnen vorsetzt und zu fette Hühner

Oben Ruhige Rassen, wie die Orpington, leiden häufig unter Überfütterung.

legen weniger Eier. Zu dicke Hähne leiden unter Fruchtbarkeitsproblemen. Achten Sie besonders auf die ruhigen, wenig aktiven Rassen. Bei ihnen ist die Gefahr einer Verfettung durch üppig bemessene Futtergaben besonders hoch.

Nehmen Sie Ihre Hühner regelmäßig hoch und tasten Sie das Brustbein ab. Es sollte unter dem Körperfett noch gut spürbar sein. Fühlt es sich scharf an, ist das Huhn zu mager, lässt es sich dagegen kaum noch ertasten, ist das Huhn eindeutig zu schwer. Ein anderer Beleg für Fettleibigkeit ist die Fettmenge am Steiß. Wenn Sie dort (vorsichtig) drücken und eindeutig Fett spüren, ist das Huhn zu schwer. Allerdings sind beide Tests subjektiv, daher fällt es Anfängern nicht leicht, eine eindeutige Entscheidung zu treffen.

Ein objektiveres Kriterium ist die verbrauchte Futtermenge: Wenn die Hühner zum Schlafen auf ihre Stange gehen, sollte das tägliche Futter verbraucht sein. Füllen Sie Futterautomaten nicht ständig nach, sondern versuchen Sie eine Futtermenge von etwa 125 g je Tag und Huhn einzuhalten. Nach einer oder zwei Wochen stellt sich ein gewisses Gleichgewicht ein.

Pickattacken

Hühner, die sich langweilen oder zu dicht gedrängt leben müssen, beginnen nach den Federn ihres Nachbarn zu picken. Möglicherweise richten sich die Pickattacken auch gegen Parasiten (Läuse) auf der Haut unter den Federn oder die Hühner leiden unter Mangelernährung. Aus welchem Grund auch immer: Reagieren Sie sofort, wenn sie solche Pickattacken bemerken. Viele Hühner reagieren sehr grausam und gehässig, wenn sie erst Blut geschmeckt haben.

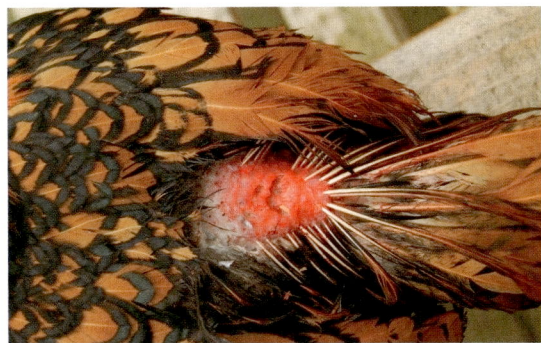

Oben Wenn die nackte Haut durch die Federn schimmert, beginnen die anderen Hühner, auf diese Stelle zu hacken.

sich am liebsten darin niederlassen. Dabei gehen zwangsläufig immer wieder Eier kaputt. Verwenden Sie identische Nistboxen in der richtigen Größe und bringen Sie sie alle in derselben Höhe an.

Eine andere Theorie besagt, dass die Beleuchtung für zerbrochene Eier mitverantwortlich ist. In zu hellen Boxen sollen mehr Eier zerstört werden als in dunkleren. Dunkeln Sie die Boxen mit einem Streifen Sackleinen etwas ab.

Schließlich scheinen Eier mit „weicheren" Schalen (von jungen oder zu fetten Hennen) eine unwiderstehliche Verlockung darzustellen. Tatsächlich kommt es gelegentlich vor, dass Hennen Eier ohne feste Kalkschale legen. Sollte das häufiger vorkommen, dürfte der Grund in einem Calciummangel im Futter (mischen Sie mehr Muschelschalen bei) oder einer Stoffwechselkrankheit zu suchen sein. Lässt sich das Problem nicht lösen, muss das Huhn zum Tierarzt.

Es gibt viele Berichte von scheinbar netten Hühnern, die ihre Nachbarn zu Tode gepickt haben. Es ist allerdings nicht ganz einfach, dieses Verhalten zu beenden. Am besten wird das verletzte Tier solange isoliert, bis seine Wunden geheilt sind. Bieten Sie den Hühnern mehr Platz, sofern das möglich ist und sorgen Sie für Abwechslung in Stall und Gehege: Stellen Sie Hindernisse auf oder hängen Sie frisches Gemüse von der Decke herab. Jede Ablenkung hilft dabei, die Pick-Versuchung zu reduzieren.

Eier fressen

Das Fressen von Eiern ist eine schlechte Angewohnheit, die sich nur schwer austreiben lässt, denn Hühner gewöhnen sich rasch an den Geschmack eines frischen Eis. Man kann dieses Problem nur lösen, wenn man kritisch nach den Gründen für dieses Verhalten fragt. Leider steckt meistens ein Fehlverhalten des Hühnerhalters dahinter: Wurden die Eier nicht regelmäßig und rechtzeitig aus den Nistboxen entfernt, kann sich eine Henne daraufsetzen und sie aus Versehen zerquetschen. Eine andere pickt das Ei auf und findet Geschmack daran. Sammeln Sie also so oft wie möglich alle frisch gelegten Eier ein.

Auch ein Gedrängel in der Nistbox könnte die Ursache sein. Vielleicht ist die Box zu groß, sodass sich mehrere Hühner darin drängen. Es kann auch vorkommen, dass die Hühner eine ganz bestimmte Box den anderen vorziehen und

Oben Der verletzte Kamm dieser Minorka-Henne ist ein sicheres Zeichen, dass sie von den anderen Hühnern bedrängt wird.

Hühnerhaltung

Brut und Aufzucht

Inzwischen halten Sie Ihre Hühner schon ein paar Monate und konnten erste Erfahrungen sammeln. Vielleicht macht es Ihnen Spaß und Sie denken darüber nach Ihre Hühnerschar zu vergrößern. Wollen Sie züchten und kleine Küken groß ziehen? Hier lesen Sie, wie es geht.

Noch mehr Hühner

WOLLEN SIE IHRE HÜHNERSCHAR VERGÖSSERN? ENTWEDER GEHEN SIE ZU EINEM ERFAHRENEN ZÜCHTER UND KAUFEN SICH EIN PAAR EXEMPLARE DAZU ODER SIE WAGEN SICH IN EIN NEUES ABENTEUER UND VERSUCHEN SICH IN DER ZUCHT. ES IST SPANNEND, KÜKEN SCHLÜPFEN UND AUFWACHSEN ZU SEHEN.

Brut und Aufzucht

Brut

Grundsätzlich gibt es zwei Wege: den natürlichen und den technischen. Beide haben Vor- und Nachteile, sodass Ihre Entscheidung letztlich von dem Platz, den finanziellen Möglichkeiten und der Rasse abhängt.

Hühner sind mit ihrer Fähigkeit, scheinbar unendlich viele Eier zu jeder Zeit des Jahres legen zu können, faszinierende Kreaturen. Die meisten anderen Vögel und übrigen Tiere bringen ihre Jungen nur zu einer bestimmten Jahreszeit – meist im Frühling – zur Welt, während eine Henne grundsätzlich das ganze Jahr über legt. Ausnahmen stellen nur die Zeit der Mauser und die kurzen Wintertage dar, an denen die Eierproduktion etwas nachlässt.

Natürlich ist diese Eigenschaft zum größten Teil durch die kenntnisreiche Zucht erworben, denn schon die ersten Züchter wählten ihre Zuchthennen nach der Eierproduktion aus. Die modernen Hybridhennen stellen gewissermaßen die Krone des Erfolges dar; die besten Legehennen bringen es auf erstaunliche 300 Eier pro Jahr.

Jeder Züchter sollte wissen, dass eine Henne bereits zum Zeitpunkt des Schlüpfens alle Eier ihres Lebens in den Eierstöcken trägt; die meisten erreichen allerdings niemals das theoretisch mögliche Maximum. In ihrer ersten Saison legen die Hennen die meisten Eier, im zweiten Jahr legen sie etwas weniger, dafür aber besonders große Eier. Ab dem dritten und vierten Jahr nimmt die Legeleistung drastisch ab, daher leben kommerziell genutzte Hennen nicht länger als zwei Jahre. Eine gesunde, gut gepflegte Henne kann durchaus neun bis zehn Jahre alt werden; dann legt sie allerdings so gut wie keine Eier mehr.

Der natürliche Weg

In der Natur legt eine Henne täglich ein Ei, bis sie je nach Rasse ein Gelege von 6–15 Eiern zusammen hat. Dann hört sie auf zu legen und verwandelt sich in eine Glucke. Sie setzt sich auf die Eier und brütet sie mit ihrer Körpertemperatur aus. Die Embryos großer Rassen sind nach etwa 21 Tagen ausgewachsen (Zwerghühner ein bis zwei Tage weniger). Um die Eier gleichmäßig mit ihrem Körper zu erwärmen, wendet sie die Glucke regelmäßig um.

Auch die Hühner in Gefangenschaft legen ihre Eier, um dieses Gelege zusammenzubringen: Da die Eier immer wieder verschwinden (Schuld ist der sammelnde Hühnerhalter), legen sie ständig weiter. Im Unterschied zu anderen Vogelarten legen Hennen auch dann fröhlich weiter, wenn sie nicht durch den Reiz eines männlichen Tieres stimuliert wurden. Wenn Sie selbst Küken züchten wollen, brauchen Sie allerdings einen Hahn, der die Eier befruchtet.

Alternativ bieten Züchter bereits befruchtete Eier an.

Glucken

Man kann nicht vorhersagen, ob sich eine bestimmte Henne als Glucke eignet, aber bei einigen Rassen stehen die Chancen recht gut.

Bei manchen Rassen sind die Gluckeninstinkte stärker ausgeprägt als bei anderen. Das gilt nicht für die speziell als Legehennen gezüchteten Hybridrassen oder einige der leichten, fliegenden Rassen, wie Italiener und andere Rassen aus dem Mittelmeerraum. Die besten Glucken findet man unter den schweren, ruhigen Rassen, wie den Cochin, Brahma, Sussex, Orpington, Rhodeländer, Plymouth Red und Wyandotten.

Gut geeignet sind weiterhin Yokohama, Sumatra, Scots Grey und Altenglische Kämpfer. Seidenhühner sind als besonders gute Glucken bekannt, sie brüten verlässlich und häufig. Tatsächlich ist die Verlässlichkeit ein ganz entscheidender Faktor, denn eine Henne, die es sich nach der Hälfte der Brutzeit anders überlegt, wäre vermutlich das Letzte, das Sie sich wünschen.

Haben die Hennen die Eier für die Brut nicht selbst gelegt, müssen sie in Glucken-Stimmung gebracht werden. Am einfachsten geht das mit sechs Eiern aus Porzellan, Golfbällen oder runden Steinen im Nest. Setzen Sie die Henne mit ihrer Nistbox an einen separaten Platz um, geschützt vor Raubtieren und den anderen Hühnern. Am besten eignet sich ein alter Schuppen; er sollte nicht direkt in der Sonne liegen. Viele Züchter bessern das Futter für die Hennen in dieser Zeit mit ein paar Maiskörnern auf.

In Brutstimmung

Die Umstellung kann zwei bis drei Wochen dauern, sie brauchen also etwas Geduld. Aus diesem Grund sollten Sie nicht gleich von Anfang an echte Eier nehmen. Die Henne würde sie möglicherweise zerbrechen oder sogar auffressen. In der Regel verderben die Eier in der Gewöhnungsphase.

Mehrere Anzeichen sprechen dafür, dass Sie zu echten Eiern wechseln können: Eine Henne, die zur Brut bereit ist, verbringt viel Zeit in der Box und spreizt die Federn, wenn Sie sich nähern. Wenn Sie versuchen, die Henne aus der Box zu heben, macht sie typische „gluck, gluck, gluck"-Geräusche; außerdem wird ihr Brustgefieder auffallend dünner. Manchmal breitet sie in aggressiver Stimmung die Flügel aus, wenn sie auf den Boden gesetzt wird. Spätestens dann, wenn sie die ganze Nacht in der Nistbox bleibt, ist sie in Brutstimmung.

Oben Eigentlich ist es selbstverständlich: Wer Küken will, braucht einen Hahn – und das kann in Wohngebieten Schwierigkeiten bereiten.

Befruchtete Eier aus eigener Produktion müssen unbedingt frisch sein, wenn sie unter die Glucke gelegt werden: Älter als einen Tag, aber keinesfalls älter als sieben Tage.

Sitzt sie bequem?

Sie müssen sich auch um eine brütende Glucke kümmern. Heben Sie sie jeden Tag für 20–30 Minuten aus dem Nest, damit sie fressen, trinken und sich erleichtern kann. Am besten geht das morgens oder abends, entscheidend ist nur, dass Sie eine feste Routine einhalten – führen Sie den Zeitplan schon etwa eine Woche vor dem eigentlichen Brutbeginn ein. Desinfizieren Sie die Eier mit einem speziellen Mittel, dann werden sie unter die Glucke gelegt. Eine große Glucke kann zehn bis zwölf Eier ausbrüten, ein Zwerghuhn schafft sechs bis acht Eier.

Aufgegeben

Viele Anfänger sind enttäuscht, wenn die Glucke das Nest vorzeitig verlässt, denn es funktioniert nur dann, wenn sie solange brütet, bis die Küken schlüpfen. Dazu muss ihr gesamtes Verhalten „auf Glucke" umgestellt sein und sie muss sich wohl fühlen. Gerade der Wohlfühlaspekt wird oft übersehen – stimmen die Bedingungen nicht, gibt die Glucke auf.

Oben Eine Glucke braucht eine eigene Nistbox; dieses System ist für zwei Nistplätze ausgerichtet.

Parasitenfrei?

Eine brütende Henne darf weder von Flöhen noch von Läusen befallen sein. Diese lästigen Parasiten lenken sie zu stark ab und beim Versuch sie loszuwerden, steht sie auf und verlässt ihre Eier. Ein kräftiges Staubbad und eine Behandlung mit einem Läusemittel sind daher zu Beginn der Brut unbedingt erforderlich.

Auch die Umgebung ist wichtig. Die Nistbox muss an einem ruhigen Platz stehen, damit sich die Henne sicher und entspannt fühlt. Viele kommerzielle Nistboxen haben keinen Boden, das Stroh liegt also direkt auf der nackten Erde. Der Sinn dieser Einrichtung ist die Bodenfeuchtigkeit, die zusammen mit der Wärme der Glucke eine feuchte Atmosphäre erzeugt – wichtig für die gesunde Entwicklung der Embryos. Während der Brut bekommt die Glucke Weizen und frisches Wasser sowie calciumreiches Mischfutter. Außerdem schätzt sie ein gelegentliches Staubbad.

Achten Sie unbedingt darauf, dass sich die Glucke während ihrer täglichen Fress- und Trinkzeit entleert. Kot kann das Nest und die Eier beschmutzen – sollte es dennoch passieren, müssen Sie die Eier vorsichtig säubern und das Stroh austauschen.

Nistboxen mit festem Boden müssen künstlich feucht gehalten werden. Am einfachsten geht das mit wenigen Tropfen – nicht mehr – handwarmem Wasser, die zum Ende der Brutzeit auf die Eier gespritzt werden (am 18., 19. und 20. Tag bei großen, am 16., 17. und 18. Tag bei Zwerghuhnrassen). Befeuchten Sie die Eier, kurz bevor die Henne zum Nest zurückkommt, sonst kühlen sie aus.

Die Küken schlüpfen

Vermeiden Sie am Tag des Schlüpfens jegliche Aufregung. Gehen Sie sehr vorsichtig vor, wenn Sie die Henne zur Kontrolle anheben, denn es könnte sein, dass sich unter ihren Flügeln bereits Küken verstecken. Auch an diesem kritischen Tag muss die Henne ihr Nest verlassen können; legen Sie in dieser Zeit ein weiches Handtuch über die Eier.

Oben Erfahrene Züchter lassen jeweils zwei Glucken brüten, so lässt sich zumindest eines der Gelege retten, wenn etwas schiefgeht.

So bleiben Küken und Eier warm und die Jungen piepsen nicht so laut. Damit bleibt der Henne genügend Zeit zum Fressen, Trinken und Koten und sie wird nicht vor der Zeit von den Kleinen zum Nest zurückgerufen.

Achten Sie darauf, dass die Henne die teilweise aufgebrochenen Eier nicht zerbricht, wenn sie sich wieder auf das Nest setzt. Manche Züchter entnehmen alle Eier, bis sich die Henne wieder niederlässt, dann legen sie Ei für Ei zurück. Um sie vor dem pickenden Schnabel der Henne zu schützen, werden die Eier mit dem Handrücken bedeckt. Die offenen Eierschalen werden regelmäßig entnommen, damit sie sich nicht aus Versehen um ein noch geschlossenes Ei legen. Alle Eier, aus denen kein Küken schlüpft, werden entfernt.

Sobald die Küken geschlüpft sind und flauschig aussehen, werden sie zusammen mit der Henne in einen Brutkäfig umgesetzt. Eine Streu aus dünnen Hobelspänen ist besser als Stroh, in dem sich die Küken verfangen könnten. Stellen Sie für alle Fälle eine Schale mit Kükenaufzuchtfutter hinein. Die Henne zeigt ihren Jungen, wie sie fressen müssen. Es ist völlig natürlich, dass sie einen Teil des Futters in die Streu kratzt. Für die Wasserversorgung gibt es besondere Spender, in denen die Küken nicht ertrinken können.

Henne und Küken bleiben etwa eine Woche in dem Käfig; sollte das Wetter warm genug sein, dürfen die Kleinen auch ins Freie. Natürlich darf die Henne auch länger als eine Woche bei den Küken bleiben. Nach drei Wochen brauchen die Küken mehr Auslauf. Henne und Küken müssen in der Nacht eingeschlossen werden. Nach sechs bis acht Wochen darf die Henne wieder zu den anderen Hühnern; ihre erwachsenen Hühnchen kommen mit. Es ist völlig natürlich, wenn nun die Mauser einsetzt.

Stubenarrest

Während der ersten Woche dürfen die Küken nicht in den Auslauf. Sie werden zu schnell müde und würden erfrieren, wenn sie nicht rechtzeitig zur Henne zurückkommen.

Wie bei vielen anderen Aspekten der Hühnerhaltung funktioniert auch die natürliche Aufzucht von Jungen am besten, wenn Sie methodisch und mit Selbstvertrauen an die Sache herangehen. Gewöhnen Sie Ihre Glucken an einen festen Tagesablauf und halten Sie daran fest.

Oben Nach dem Schlüpfen werden Henne und Küken in einen Brutkäfig umgesiedelt. Bei gutem Wetter dürfen die Küken ins Freie.

Brut und Aufzucht

Brutschrank

MANCHE HÜHNERHALTER SCHWÖREN AUF EINE GLUCKE, DIE DEN NACHWUCHS GEMÄSS DER NATUR AUSBRÜTET UND GROSSZIEHT. ANDERE VERLASSEN SICH LIEBER AUF HIGHTECH UND GREIFEN AUF EINEN BRUTKASTEN ZURÜCK, DER IMMER FÜR OPTIMALE BRUTBEDINGUNGEN SORGT.

Welcher Brutkasten?

Der Handel bietet eine Vielzahl von Brutkästen (Inkubatoren) an, in denen die Eier unter kontrollierten Bedingungen bis zum Schlüpfen bebrütet werden. Sie übernehmen – was Wärme und Feuchtigkeit angeht – alle Aufgaben einer Glucke. In den kleinsten Modellen liefert eine einfache Glühbirne die erforderliche Wärme (ohne Luftumwälzung). In teureren Modellen sorgen Heizstäbe und eine Pumpe überall im Innenraum für die richtige Temperatur (mit Luftumwälzung).

Die Eier werden nur dann erfolgreich ausgebrütet, wenn sie regelmäßig gewendet werden. Sie liegen auf der Seite und werden mindestens dreimal, besser noch fünfmal täglich um 180° gewendet. Wichtig ist eine ungerade Zahl von Drehungen, sonst liegt das Ei nachts in derselben Position wie am Tag zuvor. Diese kontinuierlichen Verlagerungen sind während der ersten 18 Tage der Brut unbedingt erforderlich.

Markieren Sie die Eier mit einem Kreuz auf einer Seite, dann können Sie die Zahl der Umdrehungen besser kontrollieren, sodass das Ei nicht immer auf der gleichen Seite liegen bleibt. Das ist nämlich der häufigste Anfängerfehler und Grund, warum keine Küken schlüpfen.

Teurere Modelle nehmen sogar diese Wendemanöver selbst vor (Halbautomaten oder Automaten). Einsteiger mit einfachen Brutschränken werden aber kaum darum herumkommen, die Eier regelmäßig selbst zu wenden.

Auf ein Neues

Auch ein Brutschrank kann keinen Erfolg garantieren. Vor allem, wenn Sie mit einem der preiswerten Modelle beginnen, sollten Sie so lange experimentieren, bis die ersten Erfolge eintreten – eine Schlüpfrate von 60 % ist ein guter Wert. Zu Beginn sollten Sie mit einem einfachen Modell für vier bis

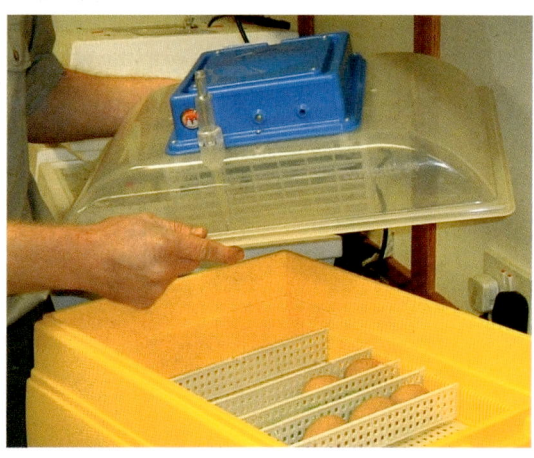

Ganz links Größere Inkubatoren bieten mehr Komfort und Kontrollmöglichkeiten, die sich allerdings auch im Preis niederschlagen.

Links Anfänger sollten zunächst zu solchen einfachen Geräten greifen, in denen vier bis sechs Eier ausgebrütet werden.

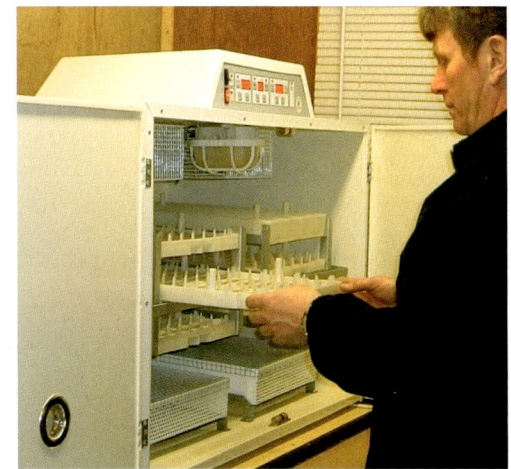 

Rechts Spitzengeräte nehmen unterschiedlich große Eier auf. Sie werden automatisch umgewendet und die Temperatur über eine Umwälzpumpe überall konstant gehalten.

Ganz rechts Vor Gebrauch müssen alle Zubehörteile gründlich gesäubert werden.

sechs Eier anfangen; solche Inkubatoren sind preiswert und leicht zu handhaben. Eigentlich handelt es sich dabei um eine Plastikschale mit Wasserbehälter und einem Halter für die Eier. Sie werden mit einem Plastikdeckel mit Luftschlitzen verschlossen, in den eine Glühbirne und eine Steuereinheit eingebaut sind.

Wegen ihres einfachen Baus brauchen diese Plastik-Inkubatoren einen optimalen Standort. Sie dürfen weder in einem warmen Raum mit Zentralheizung noch in einer kalten Garage stehen; ihre Bauweise ist nicht für diese Extremtemperaturen ausgelegt. Am besten eignet sich ein leeres, ungeheiztes Zimmer. Auf diese Weise bleibt die Umgebungstemperatur konstant niedrig und relativ feucht – gute Bedingungen für den Inkubator. Vermeiden Sie auch direktes Sonnenlicht.

Die Eier brauchen eine konstante Temperatur, damit sich die Embryos gut entwickeln und gesunde Küken schlüpfen. In den einfachen Inkubatoren ohne Luftumwälzung liegt die Idealtemperatur bei 39,4 °C, bei Inkubatoren mit Luftzirkulation mit 37,7 °C etwas tiefer. Kontrollieren Sie die Temperatur mit einem Thermometer, das direkt über der Oberfläche der Eier in ihrem Halter misst. Aufwendigere Apparate verfügen über Regelmechanismen, um die Temperatur konstant zu halten. Bereits Abweichungen von 1 °C beeinflussen den Brutvorgang.

Lesen Sie sich die Beschreibung Ihres Inkubators genau durch und beachten Sie die Hinweise in Bezug auf Standorte, Belüftung usw. Bevor Sie den Apparat mit Eiern befüllen, sollte er etwa einen Tag lang unter kontrollierten Bedingungen laufen lassen, damit Sie überprüfen können, ob die Temperatur konstant bleibt.

Saubere Maschine

Ein Inkubator muss stets peinlich sauber gehalten werden. Selbst ein brandneues Gerät wird vor Gebrauch mit einem handelsüblichen Desinfektionsmittel ausgewischt. Benutzte Geräte werden gründlich ausgewaschen, desinfiziert und erst dann erneut verwendet. Nicht alle Reinigungsmittel eignen sich, denn aggressive Produkte können die Elektronik beschädigen. Der Fachhandel für Geflügelprodukte bietet spezielle Mittel für Inkubatoren an.

Die Auswahl der Eier

Wenn Ihr Inkubator am richtigen Platz steht und alles vorbereitet ist, folgt die Auswahl der Eier. Sie sollten so frisch wie möglich sein – eine Woche ist die absolute Obergrenze. Tatsächlich bringen genau sieben Tage alte Eier die besten Erfolge. Sobald sie etwas älter werden, sinken die Chancen, dass Küken schlüpfen werden.

Saubere Eier

Zum Schutz vor Bakterienbefall müssen alle Eier gründlich gesäubert werden, denn der Inkubator bietet auch Bakterien und anderen Keimen optimale Lebensbedingungen. Für diesen Zweck werden spezielle Reinigungsmittel für die Eierschalen angeboten.

Verzichten Sie auf alle Eier mit sichtbaren Schäden oder Deformationen – insbesondere längliche oder runde Eier. Auch zu kleine oder zu große Eier scheiden aus. Am besten sind „normale" Eier von mindestens 55 g mit einem spitzen und einem stumpfen Ende.

Wie die Eier in den Inkubator eingelegt werden, richtet sich nach Art des Halters, der in den Apparat eingeschoben wird. Halten Sie sich genau an die Angaben des Herstellers.

Ohne befruchtete Eier geht es nicht

Natürlich entwickeln sich Küken nur aus befruchteten Eiern; dazu muss ein Hahn unter den Hühnern leben, der seine Pflichten gewissenhaft erfüllt. Allerdings verzichten viele Hühnerhalter in Wohngebieten auf Hähne, weil es wegen der Lautstärke Probleme mit den Nachbarn geben könnte.

Oben Holen Sie die Eier möglichst persönlich vom Züchter ab; die Küken können nur so gut werden wie die Mutterhennen.

In solchen Fällen werden befruchtete Eier zugekauft. Dabei kommt es auf Qualität und Frische an. Sie bekommen die Eier von einem Züchter am Ort, die von Bekannten oder Geflügelzuchtvereinen empfohlen werden.

Die Zahl der Anbieter im Internet nimmt zu. Allerdings gehen die Eier, die per Post verschickt werden, schnell kaputt, oder sind ungünstigen Bedingungen ausgesetzt, die eine Brut verhindern. Wenn Sie die Eier persönlich bei einem Züchter in der Nachbarschaft besorgen, sind Sie auf der sicheren Seite.

Befruchtet oder nicht?

Ob ein Ei befruchtet ist oder nicht, zeigt sich erst nach zehn Tagen im Brutkasten. Am einfachsten ist der Test mit einem starken Licht. Beleuchten Sie das Ei von hinten und versuchen Sie Strukturen zu erkennen: In befruchteten Eiern ist ein Netz aus Blutgefäßen zu erkennen, das von einem dunklen Fleck ausgeht (der Embryo). Unbefruchtete Eier oder mit abgestorbenen Embryos sind durchscheinend – sie werden jetzt aussortiert.

Für diesen Test gibt es besondere Geräte; damit lässt er sich leichter, grundsätzlich jedoch nicht anders durchführen.

Oben Halten Sie sich genau an die Herstellerangaben und rechnen Sie mit Rückschlägen. Hier wird der Größenunterschied zwischen den weißen Eiern der Serama (Zwerghühner) und einer größeren Rasse deutlich.

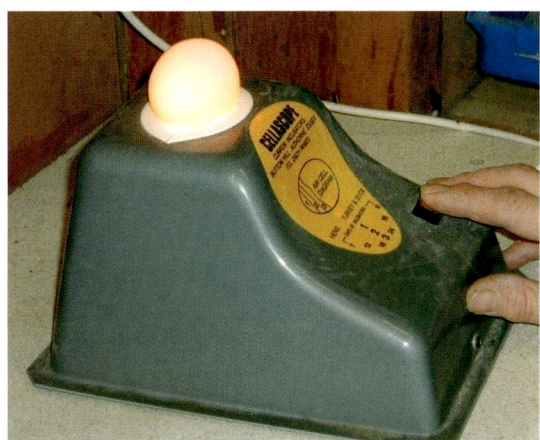

In allen Inkubatoren steht daher ein Wasserbehälter, der je nach Angaben des Herstellers nachgefüllt werden muss.

Die Luftfeuchte innerhalb des Inkubators entscheidet darüber, welche Flüssigkeitsmenge aus dem Ei verdunstet – das wiederum ist wesentlich für die erfolgreiche Entwicklung des Embryos. Auch der Wassergehalt kann beim Durchleuchten bestimmt werden: Am stumpfen Ende des Eis zeichnet sich eine Luftblase ab. Ihr Volumen nimmt mit der Entwicklung des Embryos zu, wenn mehr und mehr Flüssigkeit durch die Schale nach außen verdunstet.

Die Größe der Luftblase

Die Zeichnung unten zeigt die Veränderung der Luftblase mit zunehmender Bebrütungsdauer. Sollte Ihnen die Blase zu klein erscheinen, ist die Luftfeuchtigkeit im Inkubator vermutlich zu hoch. Sorgen Sie dafür, dass die Luftfuchtigkeit im Brutkasten für ein oder zwei Tage gesenkt wird. Damit nimmt die Verdunstung aus dem Ei und entsprechend die Größe der Luftblase zu. Erscheint Ihnen die Luftblase zu groß, wird die Wassermenge im Brutkasten erhöht. Dadurch steigt die Luftfeuchtigkeit an.

Oben Ein Durchleuchtungsapparat prüft die Entwicklung des Embryos. Eier ohne Lebenszeichen werden entfernt.

Luftfeuchte

Neben der Temperatur, dem Wenden der Eier und peinlicher Sauberkeit bestimmt die Feuchtigkeit der Umgebung als weiterer kritischer Faktor den Erfolg der Brut.

Längsschnitt durch ein Ei

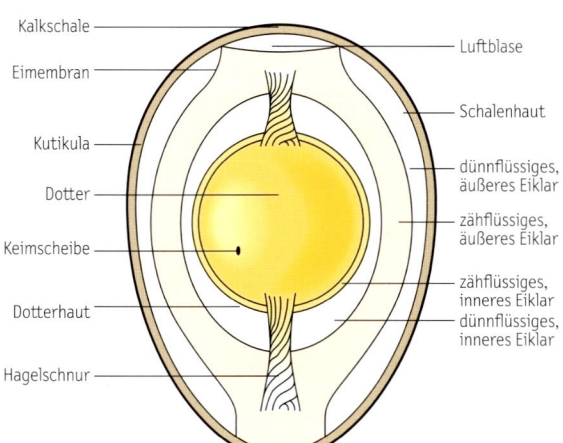

Kalkschale
Eimembran
Kutikula
Dotter
Keimscheibe
Dotterhaut
Hagelschnur

Luftblase
Schalenhaut
dünnflüssiges, äußeres Eiklar
zähflüssiges, äußeres Eiklar
zähflüssiges, inneres Eiklar
dünnflüssiges, inneres Eiklar

Die Größe der Luftblase während der Embryonalentwicklung

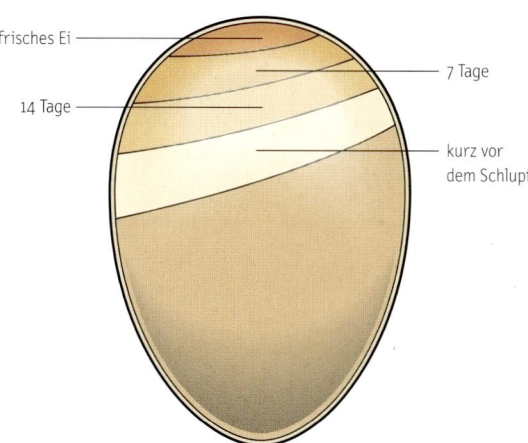

frisches Ei
14 Tage
7 Tage
kurz vor dem Schlupf

Der Moment der Wahrheit

ES IST JEDES MAL EIN GANZ BESONDERER MOMENT, DIE KLEINEN KÜKEN SCHLÜPFEN ZU SEHEN, AUCH NOCH NACH VIELEN JAHREN. WÄHREND DER ERSTEN LEBENSTAGE MÜSSEN SIE AUF EINIGES ACHTEN, DAMIT DIE KLEINEN FEDERBÄLLE EINEN GUTEN START IN IHR JUNGES LEBEN BEKOMMEN.

Schlupf

Die meisten Küken schlüpfen am 21. Tag. Die letzten drei Tage vor dem Schlupf werden die Eier nicht mehr gewendet. Achten Sie genau auf die Luftfeuchtigkeit. Sollten die Eihäute während des Schlüpfens austrocknen, kann sich ein Küken darin verfangen.

Von innen aufgepickt

Küken befreien sich selbst aus dem Ei; sie picken es von innen auf. Manchen Küken gelingt das nicht auf Anhieb. Gestehen Sie ihm höchstens weitere 24 Stunden zu. Es gibt viele Gründe, warum sich ein Küken nicht aus der Schale befreien kann und nur selten sind es gute. Daher sollten die Eier, aus denen sich das Küken nicht selbst befreien kann, entnommen werden.

Oben So ist es richtig. Küken dürfen den Inkubator erst dann verlassen, wenn sie völlig trocken sind.

Trocken und flauschig

Die neu geschlüpften Küken bleiben 24 Stunden im Inkubator, bis sie trocken sind und ihr Gefieder flauschig ist. Am Zustand der Küken erkennen Sie, ob die Brut gut verlaufen ist: Die Küken sollten sich weich, aber fest anfühlen. Sind sie zu trocken, war die Luftfeuchte zu gering oder die Temperatur zu hoch. Aufgeblähte, klebrige oder gar ertrunkene Küken weisen auf zu hohe Luftfeuchtigkeit oder zu niedrige Temperatur hin.

Unmittelbar vor dem Schlupf verbrauchen die Küken den Rest des Dotters; er versorgt sie während der ersten beiden Tage ihres Lebens mit Energie. Nun liegt es in Ihrer Verantwortung, den Küken optimale Startbedingungen zu bieten, damit sie mit ihren beschränkten Ressourcen auskommen.

Oben Frisch geschlüpfte Küken sind sehr verletzlich; sie brauchen ständige Zuwendung.

Wachsen

Sobald die Küken geschlüpft und trocken sind, werden sie aus dem Inkubator genommen und in eine neue Umgebung gebracht. Dieser Schritt ist besonders kritisch; sie müssen es warm haben und so schnell wie möglich lernen, zu fressen und zu trinken. Da ihnen die Glucke fehlt, die ihnen alles beibringen kann, müssen Sie diese Funktion selbst übernehmen.

Die ersten 30 Tage

Die ersten 30 Tage im Leben eines Kükens werden Brutzeit genannt, danach folgt die Phase des Wachstums. Im Alter von etwa 18 Wochen erreichen weibliche Hühner das Legehennenstadium: Von nun an beginnen sie selbst Eier zu legen. Während der Brutzeit sind die Küken extrem empfindlich gegenüber Umwelteinflüssen und Krankheiten. Daher müssen sie diese Zeit in einem speziellen Gehege (Brutkiste) verbringen, wo sie vor Austrocknung geschützt sind. Eine Wärmequelle sorgt für die richtige Temperatur.

Die Brutkiste

Je mehr Küken Sie haben, desto größer muss die Lampe sein. Für ein paar Küken reicht ein Karton mit einer 60 Watt Birne darüber. Erfahrene Züchter halten die Küken in dieser Zeit im eigenen Stall. Kiste und Stall müssen peinlich sauber gehalten werden, dazu gehört auch die Desinfektion nach jeder Kükengeneration. Der Stall muss Schutz vor dem Wetter bieten und dort darf kein anderes Geflügel leben.

Streuen Sie auf dem Boden frische, helle Hobelspäne in einer Dicke von 5–8 cm aus. Am Anfang brauchen die Küken einen sicher abgeschlossenen Raum (Brutkiste mit Papp- oder Sperrholzwänden in einer Höhe von 45 cm). Breiten Sie über der Streu ein altes Handtuch oder Wellpappe aus, damit die Küken nicht in den Spänen stecken bleiben. So lernen sie schneller, sicher zu stehen und zu gehen. Tuch oder Pappe werden entfernt, sobald ihre Bewegungen koordinierter werden. Die Seitenwände der Kiste verhindern, dass sich die Küken zu weit von der Wärmequelle entfernen.

Oben Nehmen Sie die Küken früh in die Hand, damit sie sich an menschlichen Kontakt gewöhnen.

Wärme ist Leben

Während den Küken in den ersten Wochen noch das Feder-kleid wächst, kommt der Temperaturkontrolle eine entscheidende Rolle zu. Die Wärmequelle sollte in der Mitte der Brut-kiste platziert sein. Das kann ein frei stehendes System oder eine herabhängende Lampe sein. Besonders beliebt sind In-frarotlampen mit weißem oder rotem Licht; am besten sind allerdings reine Wärmelampen geeignet, die nur Wärme aber kein Licht abstrahlen. Lampen mit Weißlicht können sogar schädlich sein: Im weißen Licht entwickeln sich die Küken zu rasch, sie werden nervös und kommen nachts nicht zur Ruhe. Tatsächlich fördert weißes Licht sogar nachteilige Verhal-tensweisen, wie das Federpicken. Das dabei fließende Blut

verstärkt das Verhalten und die Situation gerät außer Kon-trolle. Aus diesem Grund bevorzugen viele Züchter rote Lam-pen, weil Blut im Rotlicht schwarz erscheint – eine schwache Entschuldigung. In der Praxis hat sich die strikte Trennung von Beleuchtung und Wärmequelle bewährt: Licht und Wärme werden unabhängig voneinander reguliert.

In der Tat entscheidet die richtige Temperatur über das weitere Leben der Küken. Fragen Sie bei dem Züchter, der Ihnen die Eier verkauft hat, oder bei einem erfahrenen Bekannten nach dem optimalen Temperaturbereich. Nach einer Faustregel benötigen die Küken die höchste Tempera-tur zu Beginn der Brutzeit und die niedrigste am Ende, wenn die Federn fast vollständig entwickelt sind.

Links Bis ihre ersten Federn ge-wachsen sind, müssen Küken warm gehalten werden.

Links Dass sich alle Küken unter der Lampe drängen, spricht für eine zu kühle Umgebung.

67

Die Temperatur wird am einfachsten über die Höhe des Wärmestrahlers über dem Boden eingestellt; je nach Größe und Rasse der Küken. Beginnen Sie mit einer Höhe von 40–45 cm über dem Boden. An einer Kette befestigte Wärmequellen werden während der ersten fünf bis sechs Wochen jede Woche Glied für Glied höher gehängt. Nach sechs Wochen sollte das Federkleid ausgebildet sein, dann regeln die Hühner ihre Körpertemperatur weitgehend eigenständig.

Beobachten und Lernen

Beim Erbrüten und der Aufzucht von Küken gibt es so viele Unwägbarkeiten, dass konkrete Tipps meist danebentreffen. Am meisten lernen Sie durch Erfahrung und genaue Beobachtung. Drängeln sich alle Küken dicht an dicht unter der Wärmequelle zusammen, ist es offenbar zu kalt – die Wärmequelle muss tiefer gehängt werden. Stehen sie hechelnd am Rand ihrer kleinen Kiste, ist es viel zu warm – die Wärmequelle hängt zu tief. Sollten sich alle Küken in einer einzigen Ecke drängeln, könnte ihnen Zugluft unangenehm sein.

Zufriedene Küken, die sich wohl fühlen, verteilen sich gleichmäßig. Sie laufen umher und äußern ihre typischen kurzen „piep, piep"-Laute. Küken, die lang gezogen piepsen, fühlen sich dagegen nicht wohl.

Ein Züchter sollte sich aber nicht nur auf die Wärmequelle verlassen; die Umgebungstemperatur ist ebenso wichtig. In ihrer ersten Lebenswoche brauchen Küken eine Raumtemperatur von 19–25 °C, danach kann sie bis zum Ende des ersten Monats auf bis zu 16 °C absinken. In ihrer ersten Lebenswoche reagieren die Küken sehr empfindlich auf zu niedrige Zimmertemperatur. Wenn es zu kalt ist, haben sie Schwierigkeiten beim Fressen und Trinken, trocknen aus und sterben. Daher muss der Raum gründlich durchheizen, bevor die Küken dort untergebracht werden – stellen Sie die Heizung bereits einen Tag vorher an. Wer auf Nummer sicher gehen möchte, sollte ein Thermometer direkt unter der Wärmequelle auf die Hobelspäne legen. Ideal an dieser Stelle sind 34 °C.

Bleibt der Kot am Hinterteil der Küken kleben, ist ihnen zu kalt oder sie beginnen auszutrocknen. Nun ist Hilfe notwendig: Entfernen Sie den Kot vorsichtig, tupfen Sie etwas Vaseline auf die wunde Stelle und überprüfen Sie die Temperatur.

Das richtige Futter

Küken müssen dazu gebracht werden, sich selbstständig zu ernähren. Bieten Sie ihnen daher reichlich geeignetes Futter an, wenn möglich Kükenaufzuchtfutter für sehr junge Tiere. Stellen Sie den Futterspender am Rand der Brutkiste auf; er muss unbedingt leicht zugänglich sein. Während der ersten acht Wochen wird der Spender regelmäßig nachgefüllt und sollte stets gefüllt sein. Manche Küken, die nicht von ihrer Glucke lernen können, fressen leichter, wenn ihnen ein klein geschnittenes, hart gekochtes Ei oder eine fein zerschnittene Frühlingszwiebel zwischen die Körner gemischt wird.

Zur Ernährung nach der ersten Woche gehören auch fein geschrotete Steinchen (Granit und Feuerstein), die über das Futter gestreut werden. Kaufen Sie unbedingt eine für Küken geeignete Korngröße. Die Steinchen verbessern die Funktion des Muskelmagens und Verdauungssystems. Alle zwei Wochen kommen neue Steinchen hinzu, ab der sechsten Woche können sie auf etwas größere Korngrößen für Junghennen wechseln.

Wasser ist sogar noch wichtiger als das Futter. Küken können durchaus ihr gesamtes Fett und die Hälfte ihres Körpergewichts verlieren und dennoch überleben. Büßen sie aber nur ein Zehntel ihrer Körperflüssigkeit ein, sterben sie. Stellen Sie daher den Küken immer genügend Wasser zur Verfügung, damit sie von Beginn an trinken können. Benutzen Sie nur sehr flache Trinkschalen, damit die Tiere nicht aus Versehen ertrinken. Sie gehören mehr in die Mitte der Brutkiste als das Futter, allerdings nicht direkt unter die Lampe. Die Schalen werden täglich gesäubert und immer frisch befüllt, damit das Wasser keinesfalls verdirbt.

Gutes Licht

Eine gute Beleuchtung der Brutkiste ist wichtig, denn heller „Tag" regt die Küken dazu an, zu fressen und zu trinken. Allerdings darf das Licht nicht zu hell sein, denn zu viel Helligkeit wirkt als starkes Stimulans. Ist das Licht dagegen zu schwach, halten sich die Küken beim Fressen und Trinken zurück; sie wachsen langsamer und werden anfälliger gegenüber Krankheiten.

Steht die Brutkiste in einem hellen Schuppen mit großen Fenstern, lässt sich das Licht mit Vorhängen dämpfen. Die Vorhänge müssen allerdings so angebracht sein, dass die Belüftung nicht leidet – ein weiterer Faktor für die gesunde Entwicklung der Küken. Leider heizen gerade Anfänger den Stall zu stark auf, weil sie glauben, dass Küken Wärme brauchen. Tatsächlich sind höhere Temperaturen, vor allem aber trockene Hitze sogar schädlich.

Starkes Wachstum

Für ein gesundes Wachstum brauchen die Küken in diesem Stadium ihrer Entwicklung vor allem nachts viel Bewegungsfreiheit. Könnten Sie nachts Mäuschen spielen, wären Sie überrascht über das nächtliche Leben Ihrer Küken. Sobald das Licht ausgeht, sind sie in ständiger Bewegung. Jedes versucht, sich unter die Wärmequelle zu drängen. Küken brauchen daher genügend Platz, um ihre Position entsprechend der Körpertemperatur zu verändern, näher ran, wenn ihnen kalt ist und weiter weg, wenn ihnen zu warm ist. Diese aktive Bewegung wirkt wie ein Reiz auf das Federwachstum. Küken, die zu lange in einem Karton gehalten werden, wachsen ungleichmäßig, sind spärlicher befiedert und neigen später dazu, krank oder schwächer zu werden.

Sobald die Küken sechs bis sieben Wochen alt werden, neigt sich ihre Zeit unter der Wärmequelle zum Ende. Sie müssen nun in ihre endgültige Umgebung umgesiedelt werden. Gehen Sie langsam und Schritt für Schritt vor, denn abrupte Veränderungen erzeugen Stress. Der Umzug hängt natürlich weitgehend von der Jahreszeit und dem Wetter ab. Sind die Küken im Frühling geschlüpft, wird einfach die Wärmequelle ausgeschaltet. In der kühleren Temperatur härten die Küken ab, bis sie endgültig herausdürfen.

Ab der achten Woche wird die Ernährung der Küken auf Futter für Junghühner oder Mischfutter umgestellt: Mischen Sie über einen Zeitraum von etwa zwei Wochen einen immer größeren Anteil davon unter das Kükenaufzuchtfutter. Diese Umstellung muss abgeschlossen sein, bevor die Küken in den allgemeinen Stall kommen. Prüfen Sie sorgfältig, ob sie sich an das neue Futter gewöhnt haben.

Futterumstellung

Die Futterumstellung kann die Hühner unter Stress setzen, vergessen Sie nicht, dass alle Hühner Gewohnheit und einen geregelten Ablauf lieben . Der Futterwechsel, zusammen mit dem Umzug in Stall und Freigehege bereitet den Hühnern unnötigen Stress. Gehen Sie Schritt für Schritt vor: Die Hühner sollen sich zuerst an das neue Futter gewöhnen, dann dürfen sie in den Stall und ins Freie.

Infektionen vermeiden

Um Infektion zu vermeiden, sollten die Junghühner zunächst keinen direkten Kontakt mit den älteren haben. Am besten eignet sich frisches, grünes Gras in gewissem Abstand zu den anderen Hühnern. Frisch gemähte Grasflächen mit Grasschnittresten sind tabu. Die Reste sind unverdaulich, können sich im Kropf oder Muskelmagen zusammenballen und im schlimmsten Fall sogar zum Tode führen.

Erst die Jungen, dann die Alten

Erfahrene Hühnerhalter versorgen in der ersten Zeit immer zuerst die Junghühner mit Futter und Wasser; dann erst kommen die Altvögel an die Reihe. Es wäre wirklich das Letzte, auf den Stiefelsohlen den Kot der Altvögel (und damit Infektionskeime) ins Gehege der Junghühner einzuschleppen. Versorgen Sie immer zuerst die Junghühner – mit sauberen Stiefeln. Eigentlich spricht schon der gesunde Menschenverstand für dieses Vorgehen, doch eine Erinnerung kann nicht schaden.

Unten Der Wechsel von der Brutkiste in einen normalen Stall mit Auslauf ist etwas kritisch – passen Sie den optimalen Zeitpunkt ab.

Geflügel-
schauen

Viele Hühnerliebhaber träumen davon, ihre Hühner auf
einer Ausstellung vorzustellen. Allerdings sind Ausstel-
lungsbesuche recht zeitaufwendig. Passionierte Geflügelzüchter reisen mit ihren Hühnern dorthin und züchten nur
mit den schönsten und besten. Ihnen verdanken wir den
Erhalt der Rassehühner.

Hühner für die Show

DIE TEILNAHME AN GEFLÜGELSCHAUEN KANN ZUR SUCHT WERDEN; MAN ERTAPPT SICH DABEI, DASS DIE HÜHNER EINEN IMMER GRÖSSEREN STELLENWERT EINNEHMEN. WELCHES IST DAS SCHÖNSTE? KOMMT ES AUS MEINER ZUCHT? EIN PRÄMIERTES HUHN IST DER LOHN DER ZÜCHTERISCHEN ARBEIT.

Nationale Standards

Um einen Sieger mit nach Hause zu nehmen, muss das Huhn in jedem Detail den national gültigen Rassemerkmalen entsprechen – jedes Federchen gehört an den richtigen Platz.

Oben Erfolge in einer Schau werden mit Pokal und Plakette belohnt. Geldpreise sind seltener und gering.

Diese Standards werden von Kommissionen festgelegt; sie listen genau auf, wie eine bestimmte Rasse im Idealfall aussehen hat. Dazu gehören der Farbschlag, die Form des Kammes, Federtyp und das Gesamtgewicht. Bei einer Preisverleihung werden die einzelnen Kriterien überprüft, notiert und auf der Basis des Standards bewertet. Die Details kann man bei Hühnerzuchtvereinen und Gesellschaften erfragen; sie legen nicht nur die erwünschten, sondern auch die unerwünschten Eigenschaften fest. In den USA ist dafür die *American Poultry Association* und die *American Bantam Association*, in England der *Poultry Club of Great Britain* und die *Rare Poultry Society* und in Deutschland der *Bund Deutscher Rassegeflügelzüchter e.V.* zuständig.

Besonders erfahrene sind in der Regel auch die erfolgreichsten Züchter. Sie kennen die optimalen Lebensbedingungen ihrer Rasse sehr genau und kennen sich in der Genetik der Hühner aus. Vererbung ist eine ziemlich komplizierte Angelegenheit und es dauert Jahre, bis ein Züchter weiß, welche Eigenschaften eines Elterntieres das Aussehen der Küken auf welche Weise beeinflussen.

Welche Rasse?

Auch ein Anfänger kann mit seinen Tieren durchaus an einer Hühnerschau teilnehmen. Jeder fängt klein an und die meisten Vereine und überregionale Organisationen veranstalten das ganze Jahr über kleinere Schauen zur Information. Hier kann ein Einsteiger am besten lernen, wie er seine Tiere wirkungsvoll präsentiert und Anfänger sind überall willkommen. Die beiden größten britischen Veranstaltungen – *The National Show* und die *Federation Show* – finden um die Weihnachtszeit statt. Dann haben die Hühner nach der Mauser ihr neues Gefieder voll ausgebildet und stehen im Zenit ihrer Schönheit. Auf solchen Schauen kann der Interessierte die besten angebotenen Rassen sehen und erfahrene Züchter kennen lernen. Auf solchen Veranstaltungen sind gewöhnlich die wichtigsten regionalen und überregionalen Verbände vertreten. Ein erster Schritt zum erfolgreichen Züchter kann durchaus der Beitritt in einen solchen Verband sein. Innerhalb der Vereine und Verbände gibt es viele Enthusiasten, die einem Anfänger gerne helfen und ihn beraten, wo er seine ersten Rassehühner kaufen kann. Natürlich ist es bei über 100 Rassen schwierig, sich auf einer Schau für eine bestimm-te Rasse zu entscheiden. Am sichersten ist immer, mit einer „einfachen" Rasse zu beginnen. Rassen wie die Holländer Weißhauben oder Sultanhühner gehören zu den Spitzenrassen; sie sind wegen ihrer Hauben und den gefiederten Beinen schwierig izu halten – ganz sicher keine Rassen für Anfänger. Für den Einstieg in die Zucht eignen sich Welsumer oder Rhodeländer. Auch Orpington, New Hampshire und leichte Sussex bieten Anfängern einen besseren Start in eine Geflügelschau. Denken Sie daran, dass Sie für eine erfolgreiche Zucht Spitzenhühner aus einer renommierten Zucht kaufen müssen. Die Gewinnchancen für einen absoluten Newcomer stehen allerdings ziemlich schlecht.

WELCHER TYP?

Wenn Sie Ihre Hühner auf einer Schau zeigen möchten, müssen Sie wissen, worauf die Juroren achten. Der Typ ist genauso wichtig wie der Zustand des Gefieders.

Leichte Rassen. Diese Rassen sind bekannt für ihre Legeeigenschaften. Viele stammen aus dem Mittelmeergebiet und legen reichlich weißschalige Eier. Sie gelten als schlechte Fleischhühner und sind „flugfreudig"; sie sind leicht erregbar und nervös. Typische Beispiele sind Ancona, Minorka und Spanier.

Schwere Rassen. Diese Rassen wurden auf Nutzung gezüchtet. Sie liefern Fleisch und legen reichlich. Gewöhnlich sind sie groß, haben dichtes Gefieder und sind fügsame, sanfte Naturen – bestens als Haushühner geeignet und ideal für Anfänger. Typische Beispiele sind Rhodeländer, Orpington und Sussex.

Harte Feder. Rassen mit festen, kurzen Federn, die am Körper eng anliegen. Dazu gehören die Kämpfer, die ursprünglich für den Hahnenkampf gezüchtet wurden. Typische Beispiele sind Malaien und Moderne Englische und Altenglische Kämpfer.

Weiche Feder. Darunter werden alle Rassen mit weichem Gefieder zusammengefasst. Die Federn sind gewöhnlich locker und flauschig; die Körperform darunter ist häufig nur zu erahnen. Typische Beispiele sind Brahma, Plymouth Rocks und Seidenhühner.

Zwerghühner. Die Miniaturversionen der normal großen Rassen sehen häufig genauso aus wie ihre großen Vettern. Um als Zwerghuhn anerkannt zu werden, dürfen die Tiere nur ein Viertel des Gewichts der Elternrasse erreichen. Inzwischen gibt es Zwerghuhnversionen von fast allen Rassen.

Echte Zwerghühner. Die echten Zwerghühner („Urzwerge") sind natürlich vorkommende Formen ohne eine „große" Elternrasse, also eine echte, eigene Rasse. Die meisten Schläge dienen nicht als Nutzhühner, sondern werden ausschließlich wegen ihrer Schönheit und für Schauen gezüchtet. Typische Beispiele sind Zwerg-Cochin, Bantam und Sebright.

Seltene Rassen. Die meisten dieser Rassen werden nicht durch spezielle Vereine oder Verbände vertreten. In Großbritannien gibt es allerdings den Dachverband der Rare Poultry Society, der sich um die Belange kümmert. Typische Beispiele sind Andalusier, Houdan und Norfolk Grey.

So werden Sieger gemacht

AUF EINER HÜHNERSCHAU IST ES WIE BEI EINER MISSWAHL: NATÜRLICHE SCHÖN-
HEIT ALLEIN REICHT FÜR DEN TITEL NICHT AUS. DAS HUHN MUSS VORBEREITET
SEIN. NEBEN DEM STYLING SOLLTE ES DIE BERÜHRUNG DURCH FREMDE DULDEN,
DENN DIE RICHTER SCHAUEN ÜBERALL GENAU HIN.

Verhätscheltes Leben

Ein Huhn, das auf einer Geflügelschau Preise gewinnen soll, braucht deutlich mehr Pflege als eine einfache Legehenne. Potenzielle Preishühner dürfen auf keinen Fall ins Freie. Sie bleiben ständig unter einem Dach, denn direktes Sonnenlicht schadet dem Gefieder: Dunkle Federn bleichen aus und weiße Federn bekommen einen leichten Gelbstich. Auch der Kontakt mit anderen Hühnern könnte ihnen schaden. Zum einen wird das Gefieder schneller schmutzig, zum anderen könnten sie bei Streitereien Federn einbüßen.

Das Geheimnis des Erfolges

Hühner lieben die Routine. Alles, was ihren normalen Tagesablauf stört, wird als Stress empfunden. Ein Huhn, das aus seiner normalen Umgebung gerissen und zu einer Hühner-

schau gebracht wird, wäre überfordert – es muss also auf diese Aufregung vorbereitet werden. Die meisten Haushühner kommen mit den relativ engen Käfigen einer Hühnerschau nicht zurecht. Bereiten Sie Ihr Huhn langsam auf den Ausstellungskäfig vor. Zudem müssen die Hühner jede Berührung gelassen ertragen und dürfen nicht nervös werden. Es gehört nun einmal dazu, dass ein Richter den Vogel hochnimmt und genau prüft. Kein Preisrichter mag es, wenn das Huhn wie wild mit den Flügeln schlägt. Und ein verärgerter Preisrichter vergibt keine Höchstnoten!

Setzen Sie das Huhn vor dem großen Ereignis in einen kleineren Käfig und nehmen Sie es ab und zu heraus. Halten Sie es auf dem Arm und schauen Sie es von allen Seiten an, spreizen Sie auch mal den Flügel. Die einzelnen Rassen reagieren ganz unterschiedlich darauf. Vor allem die aktiven,

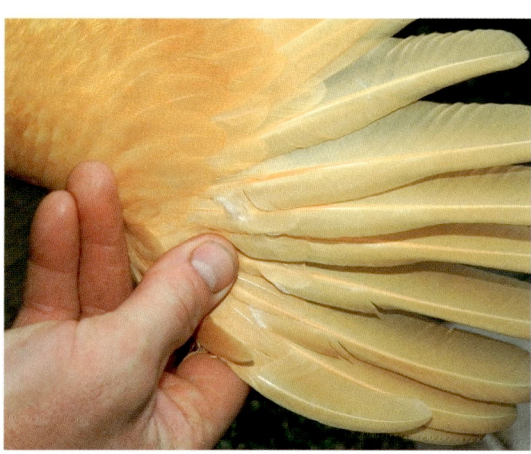

Oben Ein Huhn muss an Berührungen gewöhnt sein, damit die Juroren es in Ruhe prüfen können.

Oben Reinigen Sie Beine und Füße mit einer alten Bürste; viele Anfänger vergessen diese Arbeit.

Geflügelschauen

Oben Die Preisrichter sehen sich den Kopf genau an. Kamm, Kehllappen, Schnabel und Augen müssen perfekt sein.

Der Kamm ist ein fleischiger Auswuchs auf dem Kopf des Huhns. Er ist bei den Hähnen gewöhnlich stärker ausgeprägt. Die Form des Kamms ist rassespezifisch und wird mit anschaulichen Begriffen benannt.

Becherkamm. Dieser Kamm erinnert an einen flachen Becher oder Krone mit gezacktem Rand.

Einfacher Kamm. Ein schmaler, aufrechter Kamm, der unterschiedlich tief wie eine Säge gezackt ist; solche Kämme unterscheiden sich je nach der Rasse.

Erbsenkamm. Er besteht aus drei kleinen, einfachen Kämmen, die nebeneinander angeordnet sind; der mittlere überragt die seitlichen ein wenig.

Himbeerkamm. Er sieht wegen der kleinen, rundlichen Beulen wie eine halbierte Himbeere aus.

Hörnerkamm. Dieser Kamm gleicht mehr einem großen V als echten Hörnern. Er setzt über dem Schnabel an und teilt sich in zwei spitz zulaufende Abschnitte.

Rosenkamm. Der breite, kräftige Kamm mit fast flacher Oberseite wird von kleinen Perlen bedeckt. Häufig endet er in einer langen, nach hinten gerichteten Spitze, dem „Dorn".

Schmetterlingskamm. Er sitzt vorne auf dem Kopf des Huhns und erinnert an einen Schmetterling mit geöffneten Flügeln.

Walnusskamm. Form und Oberfläche erinnern an eine halbierte Walnuss.

nervösen Arten, wie Hamburger, Italiener und Minorkas brauchen lange, bis sie sich an das Prozedere gewöhnt haben.

Wenn Sie entschieden haben, an welcher Schau Sie teilnehmen möchten, erkundigen Sie sich bei den Veranstaltern nach den Modalitäten. Gewöhnlich muss man einen Anmeldebogen ausfüllen, es gibt Terminpläne und anderes mehr. Fast immer müssen die Hühner eine bestimmte Zeit in ihren Käfigen auf die Preisrichter warten; außerdem wird meist festgelegt, ab wann die Hühner wieder entnommen und nach Hause gebracht werden dürfen. Die Teilnahmegebühren sind in aller Regel erschwinglich – erwarten Sie allerdings keine hohen Preisgelder. Durch die Präsentation seiner Hühner ist noch niemand reich geworden.

Gut vorbereitet

Wie bei allen Tierschauen kommt es auch bei einer Geflügelschau auf optimale Vorbereitung an; hier gibt es keine Entschuldigung für Nachlässigkeit. Vielleicht ist Ihr Huhn nicht in jeder Beziehung ein perfekter Vertreter seiner Rasse, aber es sollte sich den Richtern sauber und ordentlich präsentieren.

Man erwartet, dass alle Hühner gewaschen und getrocknet wurden. Das geht nur mit sorgfältiger Handarbeit – schon eine einzige zerbrochene Feder macht alle Chancen zunichte.

Stellen Sie das Huhn in eine flache Schale oder ein Waschbecken (je nach Größe) mit 8 cm hohem, warmem Wasser. Gehen Sie langsam und vorsichtig vor, um das Huhn nicht zu erschrecken. Sobald es sich beruhigt hat, werden alle Federn befeuchtet; das Gesicht sollte möglichst nicht nass werden.

Oben Bei Geflügelschauen geht es um Prestige und Selbstbestätigung; finanzieller Erfolg spielt keine Rolle.

Fügen Sie ein wenig Shampoo hinzu und massieren Sie es vorsichtig in die Federn ein. Verwenden Sie ausschließlich milde Produkte, wie Babyshampoo, niemals ein aggressives Produkt. Ideal für diesen Zweck sind spezielle Hühnershampoos, die gegen Milbenbefall vorbeugen.

Arbeiten Sie sich vom Hinterkopf des Huhns bis zum Schwanz vor; halten Sie den Vogel mit einer Hand auf dem Rücken ruhig, während sie ihn waschen. Streichen Sie immer mit dem Federstrich vom Kopf weg, nie dagegen. Achten Sie darauf, keine Feder zu zerbrechen. Gehen Sie am After, den Beinen und Füßen besonders vorsichtig vor. Reinigen Sie die Schuppen auf Beinen und Füßen mit einer Zahn- oder Handbürste. Da Hühner sehr schnell auskühlen, müssen sie immer wieder mit warmem Wasser abgespült werden.

Waschen Sie das Shampoo mit handwarmem Wasser vorsichtig in einer zweiten Schüssel oder Waschbecken aus. Das feuchte Huhn muss nun sorgfältig getrocknet werden. In der warmen Jahreszeit geht das am besten in einem besonnten Auslauf im Freien. Er sollte aber teilweise beschattet sein, damit sich das Huhn vor der heißen Sonnenstrahlung schützen kann. Vergessen Sie keinesfalls, den Auslauf dick mit frischer Streu vorzubereiten.

Bei kühlerem Wetter trocknen Sie das Huhn mit weichen Handtüchern und einem Fön. Entfernen Sie zunächst möglichst viel Wasser aus dem Gefieder – achten Sie darauf, keine Federn zu zerbrechen – und trocknen Sie den Rest mit dem Fön aus. Stellen Sie ihn auf eine kleine Stufe ein und bewegen Sie den Luftstrahl ständig hin und her. Die warme Luft darf nicht lange auf dieselbe Stelle gerichtet sein: Hühner verbrennen sich sehr leicht, außerdem schadet zu große Hitze den Federn.

Der beste Zeitpunkt für diese gründliche Wäsche ist drei bis vier Tage vor der Schau. So bleibt dem Huhn genügend Zeit, sein Gefieder wieder mit Körperfetten einzuölen, damit es sein natürliches Aussehen zurückhält – das wollen Juroren sehen.

Das Finish

Nachdem Waschen und Fönen erledigt sind, bleiben die letzten Verschönerungsarbeiten übrig. Kamm und Kehllappen des Huhns müssen gesäubert und „aufgeputzt" werden, um die Farbe zu intensivieren und ein glänzendes Finish zu erreichen. Ein erfahrener Züchter kennt viele Tricks, die er als strenges Geheimnis hütet – ein Beleg dafür, wie wichtig dieser Teil der Vorbereitung ist. Der Kopf des Vogels fällt bei der Bewertung besonders ins Gewicht. Wer sein Huhn mit einem leuchtend roten Kamm und Kehllappen präsentiert, hat bessere Chancen auf eine Auszeichnung. Bis es Ihnen gelingt, einem Spezialisten die richtigen Tricks zu entlocken, hier einige allgemeine Hinweise: Reiben Sie die Teile vorsichtig mit mildem Seifenwasser und einem weichen Tuch oder Schwamm ab. Trocknen Sie alles gut ab und cremen Sie Kamm und Kehllappen mit Vaseline oder einem ähnlichen Mittel ein. Einen ähnlichen Effekt erzielen Sie mit Pflanzenöl.

Die Geflügelschau

GANZ SCHÖN AUFREGEND, SO EINE GEFLÜGELSCHAU, UND GANZ SCHÖN VIELE HÜHNER! LEIDER BESTEHT DADURCH DAS RISIKO, PARASITEN UND KRANKHEITEN MIT NACH HAUSE ZU NEHMEN. VORSICHTIGE AUSSTELLER SONDERN IHRE HÜHNER DAHER SOFORT NACH DEM GROSSEN EREIGNIS VON DEN ANDEREN TIEREN AB.

Schadensbegrenzung

Die Tatsache, dass sich bei einer Schau zahlreiche Hühner dicht gedrängt in engen Ställen in einem Raum aufhalten, erhöht das Risiko der Krankheitsübertragung von Huhn zu Huhn: Besonders leicht breiten sich Atemwegsinfektionen, Läuse oder Milben aus.

Jeder Aussteller ist verpflichtet, nur mit sauberen und gesunden Hühnern anzutreten. Allerdings nehmen nicht alle Besitzer diese Verantwortung gleichermaßen ernst. Obwohl jeder Preisrichter das Recht hat, ein offensichtlich krankes oder mit Milben befallenes Huhn auszuschließen, bekommt man auf fast jeder Schau solche geschwächten Hühner zu sehen.

Pudern Sie daher Ihre Tiere unmittelbar nach der Schau zu Hause mit einem Pulver gegen Parasitenbefall ein. Ein erfahrener Züchter wird ohnehin darauf achten, seine wertvollen Tiere von der Masse der übrigen Tiere fernzuhalten, um Infektionen zu vermeiden.

Transport

Zum Schluss noch ein Wort über den Transport der Hühner – oder jeden anderen Umzug. Sowohl Sie als auch Ihre Hühner werden solche Fahrten als Stress erleben. Wie Sie sich auch bemühen: Hühner mögen keine Autofahrten; Sie können Ihnen die Unbequemlichkeit allenfalls so weit wie möglich erleichtern.

Der Handel bietet spezielle Geflügelboxen und -käfige für den Transport an; sie sind allerdings ziemlich teuer. Daher greifen die meisten Geflügelhalter auf einfache Kartons zurück. Solange sie groß genug (aber nicht zu groß), gut belüftet und sicher sind, ist dagegen nichts einzuwenden.

Das Huhn muss bequem im des verschlossenen Karton stehen können; drei oder vier Luftlöcher im Deckel und in den Seitenwänden sorgen für Atemluft.

Machen Sie nicht den Fehler, mit einem riesigen Karton loszufahren. Darin wird das Huhn hin- und herrutschen – es fühlt sich unwohl und könnte sich sogar verletzen. Kleiden Sie den Karton mit Zeitungspapier aus; darauf kommen Stroh oder Hobelspäne. Vergessen Sie nicht, den Deckel des Kartons sicher zu verschließen!

Klemmen Sie die Kartons fest, sonst rutschen sie in der ersten scharfen Kurve hin und her oder kippen um. Am besten richten Sie Ihren Fahrstil entsprechend ein, damit der kostbaren Fracht nichts passiert. Sorgen Sie jederzeit für Frischluft im Auto – auf der Fahrt und beim Parken. Da Hühner Hitze nur sehr schlecht vertragen, sollten sie möglichst nicht an heißen Tagen transportiert werden. Planen Sie bei langen Fahrten Pausen ein, um den Hühnern etwas zu trinken zu geben.

Links Ein Huhn sollte sich in den Händen des Preisrichters ruhig und gelassen verhalten.

Hühner-
rassen

Hier finden Sie 50 besonders interessante und farben-
prächtige Hühnerrassen . Um die Übersicht zu erleichtern,
wurden sie in vier Gruppen untergliedert: harte Feder,
weiche Feder, echte Zwerghühner und seltene Rassen.

Anmerkung Die britischen Rassestandards, insbesondere Art und Bezeichnung
der Farbschläge, weichen teilweise von den entsprechenden deutschen Standards
ab. Wo immer möglich, wurden die Farbschläge an die deutschen Verhältnisse an-
geglichen, ansonsten folgt die Bezeichnung den britischen Standards.

Indische Kämpfer

PRACHTVOLLES AUSSEHEN • MUSKULÖS • SCHLECHTE LEGEHENNEN • RASSE FÜR SPEZIALISTEN

Charakteristik: groß, schwer, harte Feder • **Gewicht:** Hahn 3,6 kg, Henne 2,7 kg; Indische Zwergkämpfer, Hahn 2 kg, Henne 1,5 kg • **Farbschläge:** Fasanenbraun, Blau doppelt gesäumt, Weiß-fasanenbraun

Trotz ihres exotischen Namens wurde diese Rasse im 19. Jh. in Cornwall (Großbritannien) gezüchtet. Vermutlich haben enthusiastische Züchter Malaien, Asil und Altenglische Kämpfer miteinander gekreuzt, bis die heutige Rasse entstanden war. In Amerika wird diese Rasse daher Cornish Game (Cornwall Kämpfer) genannt, ohne auf die fernöstlichen Wurzeln dieser Rasse einzugehen.

Die Indischen Kämpfer gelten als eines der besten Tafelhühner und wurden zur weiteren Verbesserung über lange Zeit mit anderen guten Tafelhühnern, wie Dorking und Sussex, gekreuzt, um noch bessere Ergebnisse zu erzielen. Angeblich haben amerikanische Züchter diese Rasse benutzt, um die ersten Brathähnchen zu züchten.

Aussehen

Indische Kämpfer sehen prachtvoll aus. Sie haben einen entschlossenen, muskulösen Körperbau, harte Federn und gebieterisches Auftreten. Ihre breite Brust verbreitert sich zur Schulter hin. Der Kopf ist mittelgroß mit kühnen Augen und einem gedrungenen, kräftigen Schnabel. Der Kamm in seiner natürlichen Form gehört zum Erbsentyp:

Drei Reihen verlaufen von der Kammfront nach hinten (die mittlere ist die höchste). Das Huhn steht auf kräftigen, dicken, weit gestellten, orange-gelben Läufen, die sein Erscheinungsbild prägen. Es hat vier gut gespreizte Zehen.

Die Hähne der fasanenbraunen Indischen Kämpfer sind fast schwarz, die Federn sind allerdings braun bis kastanienbraun gezeichnet. Die Grundfarbe der Hennen ist dunkelbraun mit reichlich schwarzen Anteilen und das Gefieder schimmert wie bei den Hähnen käfergrün.

Farbschläge

Die Hähne des weiß-fasanenbraunen Farbschlages sind weiß mit bräunlicher bis dunkelbrauner Zeichnung – vor allem auf Hals und Flügeln. Auch hier fallen die Hennen dunkler aus; ihr Kopf und der Hals sind heller und die Federn an vielen Stellen weiß gesäumt.

Beim blau doppelt gesäumten Farbschlag wechseln dunkelblaue und graue Töne auf der Oberseite mit einer etwas helleren Unterseite ab; gelegentlich kommen braune Säume vor. Die Henne ist oben dunkelgrau und blau auf der Oberseite und ansonsten dunkelbraun mit hellblauen Säumen.

Persönlichkeit

Die Rasse gilt als sanftmütig und friedlich, doch manchmal sind selbst die Hennen aggressiv.

Eier

Die Indischen Kämpfer sind nicht als gute Legehennen bekannt, sie legen im Jahr etwa 80 kleine, hellbraune Eier.

Alltägliches/Fazit

Die Indischen Kämpfer sind nicht besonders aktiv, sie zeichnen sich durch Kraft, Unverwüstlichkeit und Robustheit aus. Sie kommen mit tiefen Temperaturen zurecht und sind leicht zu halten. Die Hennen sind hingebungsvolle Mütter, obwohl sie aggressiv werden können. Bei einigen Formen kommt es beim Schlüpfen zu Problemen. Tatsächlich haben sie Schwierigkeiten bei der Fruchtbarkeit, denn die Paarung ist wegen der Breite der Vögel nicht einfach; keine Rasse für unerfahrene Halter.

Indischer Zwergkämpfer, Hahn, fasanenbraun.

Moderne Englische Kämpfer

**EINZIGARTIGES AUSSEHEN • BELIEBT AUF HÜHNERSCHAUEN • WIDERSTANDS-
FÄHIG • MANCHMAL LAUT**

Charakteristik: groß, harte Feder • **Gewicht:** Hahn 3,2–4,1 kg, Henne 2,25–3,2 kg; Moderne Englische Zwergkämpfer, Hahn 570–620 g, Henne 450–510 g • **Farbschläge:** Schwarz, Schwarz-rot, Blau, Blau-rot, Birkenfarbig, Braun-rot, Gold-Duckwing, Blau-oran-gebrüstig, Pyle, Blau-silberhalsig, Silver-Duckwing, Weizenfarbig, Weiß

Nachdem die Hahnenkämpfe in England 1849 endgültig verboten wurden, suchten manche Züchter nach Ersatz und fanden ihn in der blühenden Show-Szene. In den 50er-Jahren des 19. Jhs. nahm die Zahl der Geflügelschauen dramatisch zu und damit wuchs der Wunsch nach größeren Hühnern mit prächtigem Gefieder.

Die Liebhaber der Kämpfer hatten zwar keinen Einfluss auf das harte und traditionell kurze und dichte Gefieder ihrer Lieblinge, aber sie konnten die Größe der Hühner steigern. Üblicherweise kreuzten die Züchter Malaien ein: Die Tiere waren größer und hatten unterschiedlich geformte Schwänze. Das Ergebnis waren elegante, spezialisierte Rassen in definierten Farbschlägen, speziell für Ausstellungen gezüchtet. Als eigene Rasse wurden die Hühner aber nach der Gründung des Old English Game Club anerkannt.

Die größte Popularität erreichte die große Rasse zu Beginn des 20. Jhs., als Top-Vögel Traumpreise von 100 £ erzielten. Die Beliebtheit hielt aber nicht lange an und gegen Ende des 2. Weltkrieges gab es nur noch ein paar hingebungsvolle Züchter.

Zwerghühner

Dafür erfreuen sich die Zwerghühner immer noch großer Beliebtheit bei Züchtern und Ausstellern sowie den Liebhabern, die sich an der klassischen, einfachen und attraktiven Linie dieser Rasse erfreuen.

Für die Bewertung sind Farbe, Typus und Stil entscheidend; zurzeit gibt es bei den Zwerghühnern dreizehn standardisierte Farbschläge.

Aussehen

Moderne Englische Kämpfer haben ein unverwechselbares Äußeres. Ihr kurzer Körper mit flachem Rücken sollte von oben einem Bügeleisen ähnlich sehen – schmaler zum Schwanz hin. Flügel und Schwanz sind möglichst kurz; die Hähne haben schmale, spitze und leicht gebogene Sichelfedern.

Kopf und Augen

Der Kopf ist lang und schmal, die roten bis schwarzen Augen treten etwas hervor.

Kamm, Kehl- und Ohrlappen sind einfach, klein und der Schnabel relativ lang. Der Hals ist lang, leicht gebogen, mit knappem Behang.

Moderne Englische Kämpfer stehen auf kräftigen, langen Beinen; sie haben muskulöse Schenkel und runde, federlose Läufe. Jeder Fuß hat vier Zehen; Bein und Zehen sind je nach Farbschlag gelb, weidengrün oder schwarz. Kämme und Kehllappen variieren je nach Federfarbe in der Färbung von Rot über Dunkelpurpur bis Schwarz.

Moderner Englischer Kämpfer, Henne, birkenfarbig.

Persönlichkeit

Es gibt unterschiedliche Aussagen über die Persönlichkeit. Manche Züchter beschreiben sie als angenehm, freundlich, leicht zu handhaben, andere halten sie für aggressiv und laut. Vermutlich liegt die Wahrheit in der Mitte, je nachdem wie gut die Vögel aufgezogen wurden.

Eier

Sie ist nicht gerade eine der besten Legerassen der Welt; man darf in einem guten Jahr etwa 90 kleine, helle Eier erwarten.

Alltägliches/Fazit

Moderne Englische Kämpfer sind eine widerstandsfähige Rasse, die bei entsprechendem Raumangebot sehr aktiv ist. Sie sind weniger aggressiv als andere Kämpfer, können also unter Aufsicht mit anderen Rassen zusammenleben. Wenn die Hennen glucken, verwandeln sie sich in beschützende Mütter. Allerdings bieten das kurze Gefieder und die langen Beine keine guten Voraussetzungen für eine erfolgreiche Brut.

Moderner Englischer Kämpfer, Henne, schwarz-rot.

Altenglische Kämpfer

FANTASTISCHE FARBEN • HERRLICHES AUSSEHEN • LAUT • DIE GROSSE RASSE IST AGGRESSIV

Charakteristik: groß, harte Feder · **Gewicht:** Hahn 1,8–2,55 kg, Henne 0,9–2,55 kg; Altenglische Zwergkämpfer, Hahn 620–740 g, Henne 510–620 g · **Farbschläge:** sehr breit gefächert, u.a. Schwarz-rot, Blau, Braun-rot, Crele, Gesperbert, Duckwing, Rebhuhnfarbig, Getupft

Wie der Name bereits sagt, sind Altenglische Kämpfer eine alte, bereits den Römern bekannte Rasse. Julius Caesar schreibt, dass die Briten Geflügel „zum Vergnügen und zur Ablenkung" halten, wobei er mit „Ablenkung" vermutlich Hahnenkämpfe meinte. Diese grausame Beschäftigung war in allen Schichten verbreitet, von Bauern bis zu Prinzen.

Man ließ die Hähne, die mit Metallsporen an den Beinen bewehrt waren, in speziellen Arenen gegeneinander kämpfen. Hahnenkämpfe sind zwar seit 1849 verboten, finden aber im Verborgenen immer noch statt, wenn auch nicht so verbreitet wie früher.

Die meisten modernen Züchter sind eher an Ausstellungen interessiert. Seit 1887 der *Old English Game Club* gegründet wurde, bildeten sich zwei Linien heraus: Oxford und Carlisle.

Aussehen

Die Carlisle Hühner sind breitschultrig, haben eine volle Brust und ein kräftiges aber zierliches Erscheinungsbild. Den schmalen Kopf ziert ein kräftiger, gekrümmter Schnabel, wobei der Oberschnabel, ähnlich wie bei Greifvögeln, fest über den etwas kürzeren Unterschnabel schließt. Kamm, Kehllappen und Ohrscheiben sind klein. Der Kopf sitzt auf einem vor allem an der Basis sehr dicken Hals; die Augen sind groß; Läufe sind kräftig und nicht befiedert.

Die Oxford Hühner sind recht ähnlich, halten sich aber aufrechter und wirken zupackender.

Persönlichkeit

Da die Rasse von Kampfhühnern abstammt, tendieren die Tiere zu Aggressionen und eignen sich daher nicht für die Vergesellschaftung mit anderen Rassen.

Eier

Sie legen ordentlich; der Halter darf pro Jahr etwa 120 kleine, getönte Eier erwarten.

Alltägliches/Fazit

Diese Rasse eignet sich kaum für Anfänger. Die Hühner brauchen Platz, scharren gerne im Freiland und sind laut. Die widerstandsfähigen Vögel leben nicht gerne im Stall.

Die Hennen sind fürsorgliche Mütter. Manchmal beteiligen sich auch die Hähne an der Aufzucht, was von keiner anderen Rasse bekannt ist.

Altenglischer Zwergkämpfer, Henne, getupft.

Altenglischer Zwergkämpfer, Hahn, schwarz-rot.

Rumpless Game

UNGEWÖHNLICHES AUSSEHEN • SEHR VIEL CHARAKTER • AUFBRAUSEND •

KANN LAUT SEIN

Charakteristik: groß, harte Feder • **Gewicht:** Hahn 2,25–2,7 kg, Henne 1,8–2,25 kg; Zwerg-Rumpless Game, Hahn 620–740 g, Henne 510–620 g • **Farbschläge:** sehr variabel

Das Rumpless Game sieht vor allem merkwürdig aus – entweder man liebt sie oder man hasst sie. Manche Menschen empfinden den fehlenden Schwanz als bizarr oder unnatürlich, andere Züchter lieben ihre Vögel wegen des Charmes und Charakters.

Der fehlende Schwanz beruht auf einer anatomischen Besonderheit: Die Rasse hat keinen Sterz (anatomisch korrekter: ihnen fehlt der Kaudalfortsatz), jenen fleischigen Vorsprung, aus dem die Schwanzfedern auswachsen können. Tatsächlich ist dieser genetische Zufall schon seit Jahrhunderten überliefert.

Abstammung

Woher die Rasse genau stammt, ist unbekannt, es gibt aber aus der ganzen Welt Berichte über schwanzlose Hühnerrassen, etwa in Indien, China, Amerika (Virginia) und auf den Westindischen Inseln. Auch andere Rassen zeichnen sich durch ähnliche, einmalige Missbildungen aus, etwa das Huhn mit gekräuselten Federn auf Mauritius oder die schwanzlosen Katzen der Isle of Man.

Obwohl es das Rumpless Game auch in einer großen Form gibt, sind die Zwergversionen weitaus verbreiteter.

Aussehen

Mit ihrer aufrechten, kühnen Körperhaltung gleichen diese Vögel dem traditionellen Federwild – abgesehen vom fehlenden Schwanz. Sie sind klein und haben ein steil abfallendes Rückenprofil, volle Brust und große Flügel. Der kleine Kopf hat einen relativ großen Schnabel, markant hervortretende Augen und einen dünnen, einfachen Kamm. Ohrscheiben und Kehllappen sind klein. Die Federn sind hart und dicht geschlossen. Die Hühner stehen auf kräftigen Läufen mit vier Zehen an den Füßen.

Die Farbe des Gefieders ist sehr variabel, spielt in Wettbewerben aber keine Rolle; dort legt man Wert auf den Kopf und das Erscheinungsbild.

Persönlichkeit

Auch in der Persönlichkeit zeigt sich die Nähe zum Wildgeflügel; es sind lebhafte, kleine Hühner. Manche Züchter behaupten jedoch, dass man sie leicht zähmen und wie Haustiere halten kann.

Eier

Für ihre Größe sind die Hennen erstaunlich legefreudig; die Eier sind hell gefärbt.

Alltägliches/Fazit

In ihrer Zwergform kommen die Rumpless Game gut mit beengten Verhältnissen zurecht, können aber laut werden. Sie sind widerstandsfähig, manche Züchter berichten aber über Probleme bei der Befruchtung der Eier. Das könnte an der Befiederung der Henne liegen; wenn die Federn im Bereich des Afters entfernt werden, dürfte sich das Problem lösen.

Oben Zwerg-Rumpless Game, Hahn, gesperbert.
Rechts Zwerg-Rumpless Game, Huhn, weizenfarbig.

Australorps

GUTE ALLROUND-HÜHNER • SANFT UND RUHIG • GUTE MÜTTER • LASSEN SICH GERNE ANFASSEN

Charakteristik: groß, schwer, weiche Feder • **Gewicht:** Hahn 3,85–4,55 kg, Henne 2,95–3,6 kg; Zwerg-Australorp, Hahn 1,02 kg, Henne 790 g • **Farbschläge:** Schwarz, Blau gesäumt

Die Australorps haben ihren Besitzern viel zu bieten, werden aber leider oft übersehen, weil sich viele Züchter lieber für eine der klassischen Rassen entscheiden.

Die Rasse wurde in Australien gezüchtet. Eine Ausgangsform war das schwarze Orpington aus England; der Name vereint Australier und Orpington. Bei der Zucht wurde besonderer Wert darauf gelegt, sowohl die Größe als auch die guten Legeeigenschaften zu erhalten.

Die Rasse sieht gut aus, legt Eier und ist ein gutes Tafelhuhn – es handelt sich also um ein echtes Allround-Talent.

Aussehen

Das schwarze Gefieder, in der Sonne mit intensiv grünem Käferglanz, passt hervorragend zu dem leuchtend roten, einfachen Kamm und zu Gesicht und Kehllappen.

Die Vögel halten sich gewöhnlich aufrecht und wirken aktiv und elegant. Der Körper ist massig, breit, vor allem in den Schultern und im Sattel. Der Schwanz ist voll, aber kompakt und das Huhn steht auf starken, dunklen,

Australorp, Hahn, schwarz.

federlosen Läufen. Der Schnabel ist ebenso dunkel wie die Augen. Außer den weißen Sohlen sind alle Körperteile entweder schwarz oder rot.

Der blaue Farbschlag unterscheidet sich nur geringfügig vom schwarzen; die Hühner sind dunkel bis mittel-schieferblau mit weichen Federsäumen. Auch Läufe und Schnabel können schieferblau sein; im Idealfall sind Zehennägel und die Fußsohlen weiß.

Persönlichkeit

Am Charakter der Australorps gibt es nichts auszusetzen. Die Hühner sind sanftmütig und ruhig. Sie mögen gerne angefasst werden und fühlen sich daher sowohl zu Hause im Gehege als auch in einer Ausstellungshalle wohl. Sie haben ein ruhiges Temperament, eignen sich bestens zur Brut und sind fürsorgliche Mütter.

Eier

Es gibt fantastische Geschichten über die Legekapazität. Als die Rasse in Australien gezüchtet wurde, hat eine Henne in 365 Tagen 364 Eier gelegt. Tatsächlich dürfte eine Junghenne 200 Eier im Jahr legen. Die hellbraunen Eier sind mittelgroß.

Alltägliches/Fazit

Australorps sind bekanntermaßen sowohl Lege- wie Tafelhühner: Sie legen viele Eier, ihre Haut ist weiß und das reichlich vorhandene Fleisch schmackhaft.

Dieser hübsche Australorp-Hahn hat einen prächtigen roten Kamm und glänzend schwarzes Gefieder.

Die Rasse lässt sich einfach halten. Dank ihres ruhigen Charakters kommen sie auch mit beengten Verhältnissen zurecht, freuen sich aber, wenn sie draußen nach Futter scharren dürfen. Sie fressen nicht übermäßig viel und reifen schnell heran. Allerdings neigen die Hennen dazu, fett zu werden, wenn sie zu wenig Auslauf haben.

Australorps fliegen selten, man braucht also kein stark abgesichertes Gehege. Außerdem ist die Rasse bemerkenswert widerstandsfähig; sie vertragen tiefe Temperaturen und leben lange.

Barnevelder

WUNDERSCHÖNE BRAUNE EIER • RUHIG UND FREUNDLICH • GUTMÜTIG • ROBUST

Charakteristik: groß, weiche Feder • **Gewicht:** Hahn 3,2–3,6 kg, Henne 2,7–3,2 kg; • **Farbschläge:** Schwarz, Doppelt gesäumt, Blau doppelt gesäumt, Weiß

Die Barnevelder sind eine relativ neue Rasse, die erst in den 20er-Jahren des 20. Jhs. gezüchtet wurde. Der Name geht auf die kleine niederländische Stadt Barneveld zurück, wo die Rasse aus heimischen Rassen und importierten asiatischen Rassen (insbesondere Brahma, Langshan und Malaien) gezüchtet wurde. Ziel der Zucht war eine verbesserte Legeleistung der heimischen Hühnerrassen – genau das ist den Züchtern gelungen. Gewissermaßen als Bonus waren die Eier der neuen Barnevelder noch größer, dunkelbraun und die Hennen legten auch im Winter besser.

Bis die amerikanischen Hybridhühner in den 50er-Jahren des 20. Jhs. aufkamen, erwiesen sich die Barnevelder als großer kommerzieller Erfolg; danach nahm ihre Verbreitung ab. Unter Hobbyzüchtern in den Niederlanden und anderen Ländern Europas erfreut sich diese Rasse aber immer noch großer Beliebtheit: Die Hühner sehen hübsch aus und legen wundervolle Eier. Von allen Farbenschlägen gibt es auch Zwerghühner.

Aussehen

Das Barnevelder zeichnet sich durch einen breiten, tiefen und gedrungenen

Körper aus. Der Kopf ist mittelgroß und das federlose Gesicht rot. Kehllappen, der einfache Kamm und die Ohrlappen sollten leuchtend rot sein.

Die Augen sind beim Barneverlder orangebraun. Die Hühner stehen auf sauberen, gelben Läufen. Der besonders beliebte, doppelt gesäumte

Barnevelder, Henne, doppelt gesäumt.

Eine Gruppe Barnevelder Junghennen im Garten.

Farbschlag hat dunkle Halsfedern (mit grünem Käferglanz) mit kontrastierendem Saum. Die Brust ist hellbraun und die Flügelfedern sind attraktiv braun und schwarz gesäumt. Die Hähne haben schwarze Schwanzfedern, bei den Hennen setzt sich der Doppelsaum bis in den Schwanz fort. Bei dem blau doppelt gesäumten Farbschlag ist der schwarze Saum durch ein attraktives, helles Blaugrau ersetzt. Schwarze und weiße Farbschläge sind einfarbig.

Persönlichkeit

Das Barnevelder ist ein großartiges Huhn für den Garten. Die Rasse ist ruhig und sanftmütig, genau das Richtige für eine Familie. Die Vögel sind freundlich und gutmütig, daher kann es vorkommen, dass junge Hühner leicht von anderen unterdrückt werden – in ge-

mischten Gruppen sollten Sie daher stets ein Auge auf das Verhalten der einzelnen Hühner haben. Das gilt besonders dann, wenn ein neues Huhn in die Gruppe eingeführt wird.

Eier

Leider geht die Produktion der dunkelbraunen Eier auf Kosten der Anzahl. Durch selektive Züchtung in den letzten Jahren, um die begehrte Eierfarbe zu erhalten, nahm die Legeleistung ab: Die Hühner mit den schönsten Eierfarben sind leider auch die schlechtesten Legehennen. Dennoch darf ein Halter von einer jungen, gesunden Barnevelder Henne pro Jahr rund 170 Eier erwarten. In der Regel werden die Eier immer heller, je älter die Henne ist. Die doppelt gesäumten Hühner zeichnen sich durch die beste Legeleistung aus.

Alltägliches/Fazit

Mit Barneveldern lässt es sich prima leben; die Vögel sind robust und in der Regel auch gesund, solange sie auch unter optimalen Bedingungen gehalten werden. Sie sind gute Futterverwerter, scharren gerne im Freiland, können aber auch im Stall problemlos gehalten werden. Da sie glatte Beine haben, fällt ein Parasitenbefall unmittelbar auf.

Geschlechtsbestimmung

Barnevelder wachsen rasch heran, bei den Junghähnen entwickelt sich das Gefieder etwas langsamer; eine gute Möglichkeit, eine frühe Geschlechtsbestimmung durchzuführen. Tatsächlich kann man das Geschlecht bereits bei eintägigen Küken bestimmen: Hähne haben eine weiße, Hennen eine graubraune Brust.

Brahma

SANFTE RIESEN • BEFIEDERTE LÄUFE • LASSEN SICH ANFASSEN • ORDENTLICHE LEGEHENNEN

Charakteristik: groß, schwer, weiche Feder • **Gewicht:** Hahn 4,55–5,45 kg, Henne 3,2–4,1 kg; Zwerg-Brahma, Hahn 1,08 g, Henne 910 g • **Farbschläge:** Gelb-schwarzcolumbia, Schwarz, Rebhuhnfarbig gebändert, Weiß-schwarzcolumbia

Wer große, eindrucksvolle Hühner mag, dem dürften die Brahma gefallen – es gibt kaum eine größere Rasse. Obwohl der Rasse üblicherweise eine asiatische Herkunft zugeschrieben wird, scheint nun sicher zu sein, dass sie in den 40er-Jahren des 19. Jhs. in Amerika gezüchtet wurden. Vermutlich entstanden diese exotisch aussehenden Hühner durch eine Einkreuzung indischer (Graue Chittagong) und chinesischer Rassen (Shanghai), die in die USA eingeführt wurden. Möglicherweise waren auch die Cochin beteiligt.

Die ersten Vertreter der neuen Rasse trafen 1852 in England ein. Dort wurden sie rasch bekannt, weil der amerikanische Züchter George Burnham sie durch eine geschickte Geste berühmt machte: Er schenkte Königin Victoria neun Brahma und sorgte dafür, dass die Zeitungen darüber berichteten.

Brahma ist eine Abkürzung von Brahmaputra, einem großen Fluss in Asien. Er entspringt in China, fließt durch Indien und Bangladesh und mündet in den Golf von Bengalen – ein Hinweis auf die asiatischen Vorfahren.

Aussehen

Brahmas – insbesondere die Hähne – sind eine auffallende Hühnerrasse; sie können gleichzeitig ruhig und aktiv sein. Sie sind massig, breit und tief, der Rücken kurz und wie die Läufe reich befiedert. Der kleine Kopf mit dem kurzen Schnabel betont noch ihre Größe. Die Augen sind groß, der dreireihige Kamm klein. Die langen, leuchtend roten Ohrlappen und kleine, rote Kehllappen rahmen das federlose Gesicht ein.

Brahmahähne bilden einen dreireihigen Erbsenkamm aus.

Alle vier genannten Farbschläge sehen attraktiv aus. Die ebenfalls erhältlichen Zwerghühner entsprechen genau den Großhühnern.

Persönlichkeit

Dank ihres sanften Wesens und hübschen Aussehens sind Brahmas als Haushühner sehr beliebt. Sie sind in der Regel freundlich und leicht zu zähmen. Brahmas lassen sich anfassen, obwohl manche Züchter sie als etwas kühl bezeichnen. Das sollte aber niemanden davon abhalten, sich in diese sanften Riesen zu verlieben.

Eier

Brahmahennen legen mittelgroße, braune Eier. Da die Rasse vor allem im Hinblick auf Gefiederfarbe und -qualität weiter gezüchtet wurde, hat die Legeleistung im Vergleich zu früher etwas nachgelassen. Eine junge, gesunde Henne sollte es aber auf etwa 140 Eier pro Jahr bringen.

Alltägliches/Fazit

Trotz ihrer Größe können Brahmahähne recht scheu sein. Daher sind sie in gemischten Gruppen mit freiem Auslauf anfällig gegen Attacken anderer Hähne. Reagieren Sie deshalb auf erste Anzeichen, wenn Streitereien zwischen Hähnen auftreten.

Die Rasse entwickelt sich langsam; es dauert etwa zwei Jahre, bis sie voll ausgewachsen ist. Wegen dieser Verzögerung und ihrer Tendenz, sich sehr entspannt zu verhalten, neigen überfütterte Brahmas dazu, Fett anzusetzen. In der Regel handelt es sich aber um robuste Vögel, die gut mit Hitze und Kälte zurechtkommen. Wegen der befiederten Beine sollten Sie allerdings auf trockene Bedingungen achten. Brahmas sind sehr friedfertig und deshalb auch zu mehreren leicht zu halten.

Die Hennen sind gute Glucken – allerdings zerbrechen sie durch ihr Gewicht gelegentlich die Eier.

93

Brahma, Hahn, rebhuhnfarbig gebändert.

Cochin

KNUDDELIGER RIESE • ÜPPIGE BEFIEDERUNG • ASIATISCHE WURZELN •
DURCHSCHNITTLICHE LEGELEISTUNG

Charakteristik: groß, schwer, weiche Feder • **Gewicht:** Hahn 4,55–5,9 kg, Henne 4,1–5 kg • **Farbschläge:** Schwarz, Blau, Gelb, Gesperbert, Rebhuhnfarbig, Weiß

Cochin dürften zu den wichtigsten und beliebtesten Hühnerrassen gehören. Viele Experten glauben, dass sie die gesamte moderne Hühnerhaltung und die Hühnerschauen in ihrer heutigen Form beeinflusst haben. Die Rasse wurde zusammen mit anderen, exotisch aussehenden Rassen mit gefiederten Beinen Mitte des 19. Jhs. aus Asien eingeführt – sie waren eine Sensation. Bis dahin waren derart große und dennoch sanfte Hühner völlig unbekannt. Die meisten der damals verbreiteten Rassen sahen ziemlich unscheinbar aus; sie liefen auf den Höfen herum und scharrten ihr Futter selbst zusammen. Das Cochin sollte alles ändern. Königin Victoria, die selbst eine erfahrene Hühnerzüchterin war, soll bereits ab 1843 „Cochin Chinas" gehalten haben. Ab 1850 wurde die Rasse allgemeiner bekannt.

Leider ging durch die Zucht viel von der ursprünglichen Legeleistung verloren. Immer wieder wurden die Cochin für Ausstellungen gezüchtet – maximales Feder- und Daunenkleid – und man legte weniger Wert auf die praktischen (Lege-)Fähigkeiten der Rasse.

Aussehen

Cochin sind groß, tief und breit, sie sehen sehr kompakt aus. Der kurze Schwanz ist kaum zu sehen, da er tief gehalten wird.

Der Kopf ist klein, die Augen groß und der kleine (vor allem bei Hennen) einfache Kamm gezackt. Der kurze Hals ist wie die Läufe dicht befiedert.

Farbschläge gibt es in Gelb, Weiß und Schwarz, die Schnäbel sind entsprechend tiefgelb, hellgelb und gelb bis dunkel hornfarbig.

Die rebhuhnfarbigen Hühner haben attraktiv gesäumte Federn, vor allem auf Hals, Flügeln und Rücken. Die gesperberten Formen haben dunkel blaugraue Querbänder vor blaugrauem Hintergrund.

Persönlichkeit

Eine der größten Stärken der Cochin ist ihr guter Charakter. Vielleicht legen sie nicht besonders viele Eier, aber das machen sie mit freundlichem, sanftem Verhalten mehr als wett. Die Rasse ist sehr friedlich, fühlt sich in fast jeder Umgebung wohl und ist leicht zu handhaben.

Eier

Trotz ihrer Größe legen die Cochin nur relativ kleine, braune Eier – große Hühner heißt nicht unbedingt auch große Eier. Eine gesunde, junge Henne ohne Auslauf bringt es pro Jahr auf etwa 110 Eier.

Alltägliches/Fazit

Wenn die Bedingungen stimmen, brauchen Cochins nicht viel Aufmerksamkeit. Allerdings sollte man wegen der befiederten Beine auf trockenen Untergrund achten. Kontrollieren Sie regelmäßig das Gewicht, denn Cochins bewegen sich nicht viel und neigen zur Fettleibigkeit.

Da sie nicht besonders gut im Auffinden von Futter sind, geben sie sich auch mit einem kleineren Auslauf zufrieden. Die Hennen werden sehr gute Glucken und lassen sich auch als Stiefmütter einspannen. Die Rasse wächst langsam, ist aber robust und widerstandsfähig.

Cochins sind die „Aristokraten" unter den Hühnerrassen – groß, majestätisch und sehr zufrieden mit ihrem Leben.

Cochin, Hahn, schwarz.

Hühnerrassen

Croad Langshan

RUHIG • GUTES FAMILIENHUHN • DUNKELBRAUNE EIER • LEICHT ZU HALTEN

Hühnerrassen

Das Croad Langshan ist eine weitere interessante, asiatische Rasse. Sie wurde in den 70er-Jahren des 19. Jhs. von Major Croad aus der chinesischen Region Langshan nach England eingeführt – daher der Name. Viele Experten hielten es für einen schwarzen Farbschlag des Cochin, doch Major Croad hielt an seiner Überzeugung fest und züchtete die Rasse zusammen mit seiner Tochter weiter. Schließlich ehrte man seine Arbeit mit dem Namen der Rasse. Die Weiterzüchtung, die höheren Modernen Langshan, konnten sich allerdings nicht durchsetzen.

Die Rasse war niemals so beliebt wie die Cochin – vor allem nicht auf Ausstellungen. Genau deswegen wurde das Federkleid nicht auf Kosten der Legeleistung „verbessert".

Aussehen

Es gibt Züchter, die das Croad Langshan für die attraktivste asiatische Rasse halten. Das Huhn ist edel und elegant, was durch die weiße oder schwarze Färbung noch unterstrichen wird. Da die Hähne ihren Schwanz aufrecht tragen, erscheint der Rücken kurz. Die Linie vom Schwanz bis zum Hals beschreibt daher ein ansprechendes U.

Wie andere asiatische Rassen hat auch das Langshan einen relativ kleinen Kopf. Der einfache, aufrechte Kamm weist im Idealfall fünf Zacken auf. Gesicht, Ohr- und Kehllappen sind leuchtend rot. Die langen, dunklen Beine sind befiedert.

Persönlichkeit

Das Croad Langshan hat gewöhnlich einen ruhigen, ausgeglichenen Charakter; die Rasse ist eine gute Wahl für Familien.

Eier

Das Croad Langshan hat sich einige seiner guten Eigenschaften bewahrt. Dazu gehört, dass es reichlich Eier legt; sie sind dunkelbraun, mittelgroß und oft mit attraktivem, pflaumenfarbigen Schimmer auf der Schale.

Alltägliches/Fazit

In der Praxis ist die Rasse leicht zu halten, allerdings sollte man ein Auge auf die befiederten Beine haben; sie brauchen trockene Bedingungen. Außerdem flattern sie gerne über niedrige Zäune oder Hecken, müssen also in einem sicheren Gehege gehalten werden.

Die Rasse ist ziemlich widerstandsfähig, und für eine asiatische Rasse auch sehr aktiv. Die Vögel scharren gerne im Freiland, fühlen sich aber auch im Stall wohl. Die Hennen sind gute Glucken.

Der leuchtend rote Kamm, Kehllappen und Gesicht verleihen dieser Rasse ein markantes Aussehen.

Zwerg-Croad Langshan, Hahn, schwarz.

Dorking

ALTE VORFAHREN • SANFT • BRAUCHT PLATZ • FÜNF ZEHEN •

AUSGEZEICHNETES TAFELHUHN

Charakteristik: groß, schwer, weiche Feder • **Gewicht:** Hahn 4,55–6,56 kg, Henne 3,6–4,55 kg; Zwerg-Dorking, Hahn 1,13–1,36 kg, Henne 910–1130 g • **Farbschläge:** Gesperbert, Wildbraun, Rot, Silber-wildfarbig, Weiß

Mit einem Dorking erwirbt man ein Stück britischer Hühnerzucht-Geschichte. Die Quellen sagen, dass Dorkings schon seit 2000 Jahren gehalten werden – ihre genaue Herkunft liegt allerdings im Dunkeln. Manche Experten glauben, sie hätten bereits in England gelebt, bevor die Römer die Insel eroberten, andere vermuten, sie kamen erst mit den Römern. Die Antwort weiß niemand, sicher ist nur, die Römer würden die modernen Dorkings nicht wiedererkennen. Die Hühner-verrückten Engländer der viktorianischen Zeit nahmen sich dieser typischen Hühner der Bauernhöfe an. Als sie ihre Zuchtversuche beendet hatten und die Dorkings auf Ausstellungen zeigten, war die Rasse nur noch ein Schatten ihres ehemaligen Selbst.

Aussehen

Das bekannteste Merkmal der Dorkings sind ihre fünf Zehen; warum das so ist, weiß niemand. Die Rasse zeichnet sich durch einen sehr breiten und tiefen Körper aus, der auf kurzen, weißen Läufen steht. Die Hähne sind groß und eindrucksvoll mit großen Köpfen, Kämmen

und Kehllappen. Die Hennen sind kleiner, sehen den Hähnen aber ähnlich. Der Rücken ist lang, breit und gerade, der Schwanz gut entwickelt mit breiten langen, aber nicht fächerförmigen Federn (Sicheln).

Die Farbschläge sind Silber-wildfarbig, Wildbraun (mit einfachem Kamm oder Rosenkamm), Rot, Weiß und Gesperbert. Weiße und gesperbte Farbschläge haben immer einen Rosenkamm.

Dorking, Hahn, rot.

Dorkings scharren gerne und brauchen als aktive Hühner viel Auslauf.

Manche Experten halten den weißen Farbschlag für die reinste Ausprägung der Rasse. Das silbergraue Zwerg-Dorking tritt nur sehr selten auf.

Persönlichkeit

Dorkings eignen sich bestens für die häusliche Hühnerhaltung; in ihnen vereinen sich gutes, traditionelles Aussehen und ansprechendes Temperament. Die Hühner sind ruhig und sanft, lassen sich leicht zähmen und in der Regel auch gerne anfassen.

Eier

Von einer Henne darf man pro Jahr rund 100–120 mittelgroße Eier erwarten. Die reinen Rassen legen weiße, die Kreuzungen getönte Eier. Früher wurden Dorkings gerne mit Sussex gekreuzt, die für die Farbtönung sorgten. Auch die dunklen und silbergrauen Farbschläge legen rein weiße Eier.

Alltägliches/Fazit

Dorkings legen Eier und schmecken gut. Die Hühner laufen und scharren gerne im Freiland und fühlen sich daher in beengten Gehegen nicht wohl. Für jemanden mit begrenztem Platzangebot sind Dorkings sicher nicht die richtige Wahl. Dorkins sind ziemlich widerstandsfähig und die Hennen sind gute Glucken. Die Küken sind etwas empfindlich und wachsen langsam. Daher sollte man sie möglichst früh im Frühling ausbrüten, dann genießen sie die Vorteile der warmen Sommermonate. Auf diese Weise sammeln sie genügend Kräfte für den kalten Winter. Die Rasse spielt eine wichtige Rolle in der industriellen Hühnerhaltung.

Faverolles

GROSS UND AKTIV • PFLEGELEICHT IM UMGANG • WERDEN UNTERDRÜCKT • LEGEFREUDIG

Charakteristik: groß, schwer, weiche Feder • **Gewicht:** Hahn 4–5 kg, Henne 3,4–4,3 kg; Zwerg-Faverolles, Hahn 1,31–1,36 kg, Henne 900–1130 g • **Farbenschläge:** Schwarz, Gelb, Gesperbert, Hermelinfarbig, Blau gesäumt, Lachsfarbig, Weiß

Die attraktiven Faverolles (die deutsche Zuchtrichtung wird Deutsches Lachshuhn genannt) sind ein typisches Beispiel für ein Huhn mit mehreren Eltern – sie wurden gezielt durch Kreuzungen gezüchtet. Die Einfuhr von asiatischen Hühnern in der Mitte des 19. Jahrhunderts regte einfallsreiche Züchter in Europa und Amerika zu aufregenden Experimenten an. Sie kreuzten die fremden Hühner in die vorhandenen Rassen ein und schufen so eine ganze Reihe von „neuen" Rassen, etwa Rheinländer, Wyandotte, Plymouth Rock, Barnevelder, Marans und Welsumer.

Der Name der Rasse geht auf ein Dorf in Nordfrankreich zurück. Dort entstanden die Faverolles als Kreuzung von Cochin-Hühnern mit Houdan und Dorkings. Die Züchter wollten eine schwere Rasse mit schmackhaftem Fleisch züchten, das auch im Winter gut legte. Möglicherweise flossen auch die Gene von Brahma und Marans ein.

Das Ergebnis war ein robustes Zwiehuhn, das 1886 nach England eingeführt wurde. Die Rasse wurde weiter gezüchtet, aber auch mit Sussex, Orpington und Indischen Kämpfern gekreuzt.

Aussehen

Faverolles sind große, aktive Hühner mit vollem, breitem Körper. Sie haben einen breiten Kopf mit kleinem Schnabel und hervortretenden Augen. Der einfache, aufrechte Kamm ist gezackt, das Gesicht durch einen Federbart verdeckt; sie haben kleine Ohr- und Kehllappen. Faverolles haben stets einen recht kurzen Hals und stehen auf kurzen, befiederten Läufen mit jeweils fünf Zehen.

Es stehen mehrere Farbschläge zur Auswahl, die Lachs-Version ist mit schwarzen, strohgelben und dunkelbraunen Effekten besonders attraktiv. Schwarze Schläge haben schwarze Augen, Schnabel, Läufe und Füße, während die Federn in der Sonne herrlich käfergrün schillern. Der gelbe Farbschlag hat helle Augen, Schnabel, Läufe und Füße, während Hermelin mit schwarzen und weißen Federn aufwartet.

In der blau gesäumten Form verbinden sich dunkelblaue Federn mit einem dunkleren Saum; gesperberte Hühner haben eine hellgraue Grundfarbe und dunkel gebänderte Federn. Der weiße Farbschlag ist einfarbig weiß.

Persönlichkeit

Faverolles sind für gewöhnlich starke Persönlichkeiten; Züchter beschreiben sie als ruhig, sanft und friedlich. Der Umgang mit ihnen ist leicht. Dies führt jedoch dazu, dass sie von anderen Rassen schnell unterdrückt werden. In einer gemischten Gruppe sollte man daher stets ein Auge auf Rangordnungskämpfe haben.

Eier

Faverolles legen ordentlich. Ihre hellbraunen Eier sind nicht gerade riesig, aber eine Legehenne schafft rund 100 Eier pro Jahr.

Alltägliches/Fazit

Wenn die Hühner nicht durch andere belästigt und sie in trockenen Verhältnissen gehalten werden, dürfte es mit Faverolles keinerlei Schwierigkeiten geben. Sie sind widerstandsfähig, reifen früh heran und werden zu guten Glucken.

Faverolles, Hennen, lachsfarbig.

Strupphühner

SEHEN TOLL AUS • FÜR HÜHNERSCHAUEN • GUTES ANGEBOT AN FARBEN • VIEL ARBEIT

Charakteristik: groß, schwer, weiche Feder • **Gewicht:** Hahn 3,6 kg, Henne 2,7 kg; Zwergstrupphühner, Hahn 680–790 g, Henne 570–680 g • **Farbenschläge:** Schwarz, Blau, Gelb, Columbia, Duckwing, Weiß u.a.m.

Diese Rasse wurde ausschließlich zu Ausstellungszwecken gezüchtet. Das verblüffende Aussehen beruht darauf, dass sich die aufgerichteten Federn zum Kopf hin biegen – man liebt Strupphühner oder man hasst sie. Etwas dazwischen gibt es nicht. Es gibt Diskussionen, ob Strupphühner (auch Frizzle) als eigene Rasse aufzufassen sind. In Großbritannien sind sie als Rasse anerkannt, in anderen Ländern gelten sie teilweise nur als „struppige" Variationen anderer Rassen.

Es ist noch ungeklärt, wo Strupphühner zum ersten Mal auftauchten. Einige Quellen lassen vermuten, dass sie vor rund 300 Jahren in Südasien entstanden. In England und Deutschland gibt es die große und Zwerghuhnversion; in England sind die Zwerghühner beliebter. Dennoch bleibt die Rasse eine Ausnahme. Die Großrasse ist beinahe verschwunden, nur einige, spezialisierte Züchter geben sich Mühe, die ungewöhnliche Rasse zu erhalten.

Aussehen

Vielleicht sind die struppigen Federn nicht jedermanns Geschmack, aber sie geben den Strupphühnern ihr unverwechselbares Aussehen.

Die Hähne der großen Rasse sind starke, große Vögel, die herrisch umherstolzieren. Sie haben breite, kurze Körper und große, locker gefächerte Schwänze. Am Kopf fallen vor allem der mittelgroße Kamm und die leuchtenden Augen auf.

Der Hals ist dicht befiedert. Die langen, federlosen Läufe enden mit vierzehigen Füßen. Hennen haben einen merklich kleineren Kamm und ihr Hals ist weniger struppig gefiedert.

Die Zwergversionen sind entsprechend ausgebildet.

Es gibt eine ganze Reihe von Farbversionen, auch einige ungewöhnliche Farbschläge wie Gesperbert, Pyle, Gescheckt und Rot.

Kamm, Ohr- und Kehllappen sind leuchtend rot. Läufe und Füße sind ähnlich getönt wie der Schnabel, der zwischen Gelb, Weiß, dunklem Weidengrün, Blau oder Schwarz schwankt – je nach Art des Gefieders.

Die Federn dieses Zwerg-Strupphuhns sehen ziemlich zerzaust aus.

Persönlichkeit

Strupphühner haben einen sehr indivi-
duellen Charakter, sie sind ständig aktiv und beschäftigt. Struppige Versionen anderer Rassen entsprechen im
Charakter der Elternrasse.

Eier

Die Hennen legen ordentlich; die Eier
sind weiß oder getönt.

Alltägliches/Fazit

Wer sich ein paar Strupphühner in seinem Garten hält – wenn möglich in
unterschiedlichen Farben –, dürfte viel
Freude mit ihnen haben, obwohl die
Hähne zur Arroganz neigen. Die Hennen sind fantastische Glucken und gute Mütter. Aus genetischen Gründen
schlüpfen drei Formen von Küken:
glatt, struppig und stark-struppig. Wer
seine Hühner auf Ausstellungen zeigen
möchte, muss sehr sorgfältig und selektiv züchten. Für gesunde Nachkommen sind die Eltern mit den glatten
Federn unbedingt erforderlich.

    Die Strupphühner sind widerstands-
fähige Vögel, die sich gut im Freiland
halten lassen. Zudem eignen sie sich
gut als Tafelhühner.

Zwerg-Strupphuhn, Henne.

Marans

SCHOKOLADENBRAUNE EIER • AKTIV • FREUNDE DES GÄRTNERS • LEICHT ZU HALTEN

Charakteristik: groß, schwer, weiche Feder • **Gewicht:** Hahn 3,6 kg, Henne 3,2 kg; Zwerg-Marans, Hahn 910 g, Henne 790 g •
Farbenschläge: Schwarz, Dunkel gesperbert, Gelb gesperbert, Silberfarbig gesperbert

Es macht viel Freude, Marans zu halten, die vor allem wegen ihrer schokoladenbraunen Eierschalen bekannt sind. Die Rasse stammt aus Frankreich (20er-Jahre des 20. Jahrhunderts) und dürfte unter Anderem Mechelner, Croad Langshan, Faverolles und Amrocks zu ihren Eltern zählen.

Die Stadt Marans – hier wurde die Rasse gezüchtet – liegt in Westfrankreich, nicht weit von La Rochelle entfernt. Marans sind Zwiehühner mit schmackhaftem Fleisch und guten Eiern. Ende der 20er-Jahre wurden sie nach England eingeführt. Die gesperberten Hühner werden sehr früh geschlechtsreif.

Aussehen

Marans sind attraktive Hühner mit breitem, tiefem und fleischigem Körper. Ihr Kopf sitzt auf einem mittellangen Hals, die großen, hervortretenden Augen sind orangerot mit großen Pupillen. Der einfache Kamm hat bis zu sieben Zacken, der mittelgroße Schnabel ist hell, die roten Ohr- und Kehllappen gut proportioniert.

Sie stehen auf mittellangen, weit gestellten, hellen und unbefiederten Läufen.

Die seltenen, rein schwarzen Marans schimmern käfergrün; interessanter und attraktiver sehen jedoch die gesperberten Farbenschläge aus. Die Sperberung tritt bei allen Federn auf; sie sind durch hell-dunkle Streifen gezeichnet. Bei der dunklen Variation sind alle Federn blauschwarz gebändert, der Hals kann etwas heller ausfallen. Beim gelb gesperberten Vogel wechseln graublaue Färbung mit schwarzen und gelben Streifen ab; die silbern gesperberten Marans sind an Hals und der oberen Brust weiß, beim Rest des Körpers sind die helleren Federn dunkel gestreift – sie wirken heller als die dunkle Form.

Persönlichkeit

Marans lassen sich nicht gerne anfassen. Ihr Temperament ist sehr unterschiedlich, was an der Abstammung liegen könnte. Vor dem Kauf sollte man die Eigenschaften beim Züchter gründlich abklären, vor allem, wenn die Hühner in eine junge Familie kommen. In der Regel sind Marans sehr aktive Tiere, die sich viel beschäftigen. Daher lieben sie einen größeren Auslauf im Garten, wo sie nach Schnecken und anderen Gartenschädlingen picken.

Eier

Was die Legeleistung angeht, sind die Marans sicher keine Enttäuschung. Allerdings sind die dunkelschaligen Eier derart begehrt, dass man auf einen unseriösen Händler hereinfallen könnte, der Hühner dubioser Herkunft verkauft. Ob die gekauften Hennen wirklich schokoladenbraune Eier legen, stellt sich erst heraus, wenn sie die Legereife erreicht haben. Suchen Sie daher den Züchter sorgfältig aus und kaufen Sie nur auf Empfehlung.

Alltägliches/Fazit

Marans suchen sich ihr Futter gerne selbst, sind also gut für den Garten geeignet. Die Rasse ist in der Regel widerstandsfähig und sollte bei guter Haltung keine Probleme verursachen. Die besten Linien mit braunen Eiern sind auch die besten Glucken.

Marans, Hahn, gesperbert.

Orpington

GROSS UND FEDERREICH • KNUDDELIG • WERDEN UNTERDRÜCKT • ORDENT-
LICHE LEGELEISTUNG

Charakteristik: groß, schwer, weiche Feder • **Gewicht:** Hahn über 3,6 kg, Henne über 2,7 kg; Zwerg-Orpington, Hahn 1,7 kg, Henne 1,5 kg • **Farbenschläge:** Schwarz, Blau, Gelb, Weiß

Die Orpingtons sind ein klassisches Beispiel für eine Rasse, die sich dank der Zucht für Ausstellungen in Aussehen und Leistung dramatisch verändert hat.

Die Rasse – zunächst der schwarze Farbschlag – wurde Ende der 80er-Jahre des 19. Jahrhunderts von William Cook in England gezüchtet. Er benannte sie nach seiner Heimatstadt in der Grafschaft Kent. Vermutlich hatte er Langshan, Minorka und Plymouth Rock gekreuzt. Innerhalb von acht Jahren gelang ihm die Zucht von weißen, dann von gelben Formen. Der blaue Farbenschlag tauchte erst in den frühen 20er-Jahren des 20. Jahrhunderts auf.

Das Zwiehuhn, das Cook anstrebte, unterschied sich von den fedrigen Monstern unserer Tage. Wenige Jahre nach den schwarzen Orpingtons begannen die Züchter, Langshans und Chochins einzukreuzen, um das „Showpotenzial" der Rasse zu verbessern. Damit wurden die Orpingtons zwar immer größer und federreicher, verloren aber ihre Fähigkeiten als Nutzhühner – die Legefähigkeit nahm dramatisch ab.

Aussehen

Auch die Orpingtons sind eine Rasse, die man entweder liebt oder hasst. Nicht jedem gefällt das üppige Federkleid, vor allem jenen nicht, die sich am Körperbau ihrer Hühner erfreuen wollen. Diese Rasse ist ein echtes Show-Huhn, dessen Wert in Äußerlichkeiten besteht. Tatsächlich gibt es aber immer mehr Hühnerhalter auf der ganzen Welt, die damit zufrieden sind.

Orpingtons sind wuchtige, elegante Hühner mit breiter, tiefer Brust. Sie haben kurze Flügel und einen relativ kurzen Schwanz. Am kleinen Kopf sitzen ein kräftiger Schnabel und hervortretende Augen. Sie haben einen einfachen, gezackten Kamm, der bei den schwarzen Farbenschlägen zum Rosenkamm tendieren kann. Die Kehllappen sind etwas verlängert, aber rund und die Ohrlappen klein. Der Kopf sitzt auf einem kurzen Hals, der wegen des dichten Behangs noch kürzer erscheint. Die kurzen, aber kräftigen Schenkel werden durch die Federmasse fast vollständig verdeckt.

Der gelbe Farbschlag ist besonders beliebt. Die Hühner sollten gleichmäßig gefärbt sein und orangerote Augen, einen weißen Schnabel und helle Läufe aufweisen. Die blauen Hühner sehen mit ihrer schieferblauen Grundfarbe und dem zarten dunklen Saum an allen Federn sehr attraktiv aus. Läufe und Schnabel sind wie die Augen schwarz, die Zehennägel sollten aber weiß sein. Schwarze und weiße Hühner sind durchgängig in der Grundfarbe gefärbt.

Zwerg-Orpingtons sehen genauso aus wie ihre großen Verwandten.

Gelbe Orpingtons, Hahn (links) und Henne.

Persönlichkeit

Die Persönlichkeit der Orpingtons gleicht dem Aussehen. Sie sind knuddelig und sanft. Das macht sie zu großartigen „Familienhühnern", denn sie lassen sich gerne anfassen. Allerdings werden sie genau deswegen in gemischten Gruppen gerne von anderen Rassen unterdrückt.

Eier

Obwohl die Legefähigkeit der Orpingtons im Laufe der Jahrzehnte ganz schön durch die Züchter gelitten hat, die vor allem auf den äußeren Eindruck Wert legten, kann eine gesunde Henne immer noch rund 160 Eier pro Jahr legen. Die Eier sind normal groß und braun gefärbt.

Alltägliches/Fazit

Orpingtons sind sehr praktisch in der Haltung. Sie gehen gerne auf Futtersuche, finden sich aber auch mit beengten Bedingungen ab. Sie sind ziemlich widerstandsfähig und die Hennen sind gute Mütter. Achten sie bei einer gemischten Hühnerschar auf Rangordnungskämpfe.

Plymouth Rocks

FREUNDLICH • LASSEN SICH GERNE ANFASSEN • LEGEFREUDIG • GROSSE EIER

Charakteristik: groß, schwer, weiche Feder • **Gewicht:** Hahn 3,4 kg, Henne 2,95 kg; Zwerg-Plymouth Rocks, Hahn 1,36 kg, Henne 1,13 kg • **Farbenschläge:** Gestreift, Schwarz, Gelb, Columbia, Weiß

Das Plymouth Rocks ist ein beliebtes Zwiehuhn, das in Massachusetts (USA) in den 20er-Jahren des 19. Jahrhunderts gezüchtet wurde. Es ist aber trotz mehrerer Hypothesen unbekannt, welche Rassen an der Zucht beteiligt waren. Die von den meisten anerkannte Theorie geht von Dominikaner-Hähnen aus, die mit schwarzen Cochin- oder Java-Hennen gekreuzt wurden – bewiesen ist nichts.

Der attraktive gestreifte Farbschlag wird 1874 im ersten *American Book of Poultry Standards* erwähnt. Als Nächstes tauchen weiße und schwarze Formen auf (als Sport), dann der auf Rhode Island gezüchtete gelbe Farbschlag. Aus Neuengland stammen auch die übrigen Farbschläge.

Aussehen

Die Plymouth Rocks sind große, aber gut ausbalancierte Hühner mit tiefer Brust, einem geraden Rücken und mittelgroßem Schwanz – alles in gutem Verhältnis zueinander. Der gelbe Schnabel ist kurz und kräftig, die großen Augen treten hervor und der einfache Kamm ist gezackt. Die Ohrlappen sind groß, beinahe solang wie die Kehllappen. Am leicht gebogenen, mittellangen Hals sitzen fließende Federn;

der Behang reicht bis über die Schultern. Die Läufe sind unbefiedert, gelb, mittellang und weit gestellt. Jeder Fuß endet mit vier Zehen.

Die gestreiften Hühner sehen eindrucksvoll aus. Der leuchtend rote Kamm und die Kehllappen stechen gegen das attraktive Federkleid – schwarze Streifen auf blaugrauer Grundfarbe – sehr kontrastreich ab. Bei sehr guten Exemplaren endet jede Feder mit einer schwarzen Spitze; die gleichmäßigen Streifen setzen sich bis in den Federschaft fort.

Beim beliebten gelben Farbenschlag ist das gesamte Federkleid bis auf die Haut einheitlich gelb gefärbt.

Persönlichkeit

Was die Persönlichkeit angeht, gibt es kaum Hühner, die an die Plymouth Rocks heranreichen. Die Rasse ist für ihr friedliches, sanftes und freundliches Temperament bekannt und lässt sich gerne anfassen. Die angenehmen Hühner lassen sich leicht zähmen und eignen sich bestens für Kinder.

Eier

Die Hennen legen große, getönte Eier; eine gesunde Henne bringt es auf rund 160 Eier pro Jahr.

Alltägliches/Fazit

Die Plymouth Rocks sind auch unter beengten Bedingungen zufrieden, gehen aber genauso gerne im Freien auf Futtersuche. Sie sind keine perfekten Futterverwerter, reifen aber relativ früh heran. Unter beengten Verhältnissen gehaltene Hühner neigen zur Verfettung.

Oben Plymouth Rocks, Hahn, weiß.
Rechts Zwerg-Plymouth Rocks, gelb.

Rhodeländer

IDEAL FÜR ANFÄNGER • SEHR LEGEFREUDIG • RUHIG • ROBUST

Charakteristik: groß, schwer, weiche Feder • **Gewicht:** Hahn 3,85 kg, Henne 2,95 kg; Zwerg-Rhodeländer, Hahn 790–910 g, Henne 680–790 g • **Farbschlag:** sattes Rot

Auch diese Rasse wurde in Amerika durch Kreuzungen einheimischer mit fernöstlichen Hühnerrassen gezüchtet. Die Rhodeländer dürften zu den erfolgreichsten und bekanntesten Zwiehuhn-Rassen gehören. Sie werden auf der ganzen Welt geschätzt, weil sie viele Eier legen und gut schmecken.

Die Zucht der Rasse begann um die Mitte des 19. Jhs. in Neuengland. Um ein echtes Zwiehuhn zu erhalten, kreuzten die Züchter in ihre einheimischen Rassen verschiedene eingeführte Rassen ein, insbesondere Shanghai, Malaien, Java und Italiener. Die Kriterien der Zucht waren ausschließlich praktisch motiviert; man kreuzte die besten Hähne und Hennen, um sowohl Eierproduktion als auch Größe zu maximieren. Nachdem sie dieses einfache aber strenge Zuchtprogramm mehrere Jahre lang durchgeführt hatten, entstand eine Rasse, die nicht nur nützlich war, sondern sich auch durch ein charakteristisches Aussehen auszeichnete: Die Rhodeländer waren geboren.

Die ersten Hühner mit Rosenkämmen wurden 1880 auf einer Geflügelschau in Massachusetts gezeigt. Schon bald folgte ein Schlag mit einfachem Kamm (vielleicht, als Italiener in das Zuchtprogramm aufgenommen wurden), und ab 1906 sind beide Typen als Standard in den USA zugelassen.

Englische Rhodeländer-Fans gründeten 1909 in England einen Club, der auch heute noch existiert. Wer sich für diese Rasse entscheidet, sollte unbedingt Mitglied werden.

Aussehen

Rhodeländer sind bekannt für ihren rechteckigen Körper; der Rücken ist lang und flach und der Schwanz steht nur wenig hoch. Die Brust ist breit und gerade. Die modernen Formen sind nicht so rot wie die ersten Züchtungen, sondern das Gefieder weist eine attraktive Kombination zwischen sattem Rötlichbraun und Schwarz auf.

Der Kopf mit einem Rosen- oder einfachen Kamm mit fünf Zacken wird etwas nach vorn getragen, der Hals ist reich befiedert. Rhodeländer haben leuchtende, hervortretende Augen und übergroße, glatte Ohr- und Kehllappen.

Typisch für die Rasse sind die hellgelben Läufe in weiter Stellung. An jedem Fuß sitzen vier Zehen.

Persönlichkeit

Der Charakter der Rhodeländer ist perfekt an die Bedürfnisse eines privaten Halters angepasst. Sie sind gewöhnlich sanft und ruhig; nur die Hähne neigen dazu, etwas „heftiger" mit ihren Geschlechtsgenossen umzugehen. Die Vögel fügen sich problemlos in alle möglichen Bedingungen ein. Allerdings mögen sie es nicht, wenn das Gehege zu dicht bestockt wird.

Eier

Mit der Eierproduktion können die Rhodeländer wirklich punkten. Eine gesunde Henne bringt es auf über 200 große, braune Eier pro Jahr.

Zwerg-Rhodeländer, Henne.

Alltägliches/Fazit

Rhodeländer ertragen vieles und machen stets das Beste aus ihrer jeweiligen Umgebung. Das macht sie zu einer besonders geeigneten Rasse für Anfänger. Sie sind widerstandsfähig und reifen relativ schnell heran. Allerdings glucken sie nicht besonders gerne. Insgesamt sind die Rhodeländer aber die mehr oder weniger perfekte Rasse für den Garten – wenn die Eierproduktion im Vordergrund steht.

Es kann durchaus etwas schwierig werden, den optimalen Stamm herauszufinden; nehmen Sie sich deshalb viel Zeit und sehen Sie sich am besten auf Zuchtschauen gut um, wenn Sie an der Rasse interessiert sind.

Rhodeländer, zwei Hähne in der Mauser.

Sussex

TRADITIONELLE RASSE • AUSGEZEICHNETE LEGEHENNEN • EINFACH IM UMGANG • NEUGIERIG

Charakteristik: groß, schwer, weiche Feder • **Gewicht:** Hahn 4,1 kg, Henne 3,2 kg; Zwergkämpfer, Hahn 1,13 kg, Henne 790 g • **Farbschläge:** Wildbraun, Gelb-schwarzcolumbia, Weiß-schwarzcolumbia, Rot-schwarzcolumbia, Grau-silberfarbig, Braun-porzellanfarbig bunt, Weiß

Wer eine englische Traditionsrasse mit Eigenschaften eines ausgezeichneten Allroundhuhns besitzen möchte, sollte sich für Sussex entscheiden. Es gibt nur wenige Rassen, die wie das Sussex hervorragende Legeeigenschaften, köstlichen Geschmack und ein attraktives Äußeres in sich vereinen.

Die Rasse tauchte im 18. Jh. in England auf. Sie war das Produkt von Kreuzungen zwischen einheimischen Tafelhühnern mit weißem Fleisch und eingeführten asiatischen Rassen, wie dem Brahma. Sussex wurden erstmals 1845 auf einer Geflügelschau vorgestellt. Der Weiß-schwarzcolumbia Farbschlag wurde einer der besten schweren Legerassen. Wurden sie mit „goldenen" Hähnen gekreuzt, entstanden geschlechtsspezifische Farbvariationen. In England gehört das Sussex mit seinen sieben Farbschlägen (sechs in Deutschland) zu den erfolgreichsten Rassen im Ausstellungsbetrieb – insbesondere die Zwergversionen. Der älteste Farbenschlag dürfte Braunporzellanfarbig bunt sein; dann erschienen Rot-schwarzcolumbia und Wildbraun, zuletzt Grau-silberfarbig.

Aussehen

Sussex sind ordentliche, gut proportionierte Hühner. Charakteristisch für das klassische Aussehen ist der breite, flache Rücken mit breiten Schultern, eine tiefe Brust und ein Schwanz, der im Winkel von 45° hoch getragen wird.

Am Kopf sitzen ein kurzer, gebogener Schnabel, schöne Augen und ein einfacher, aufrechter Kamm mit gleichmäßigen Zacken. Gesicht, Ohr- und Kehllappen sind rot und feinhäutig. Den gebogenen Hals ziert ein gut entwickelter Behang; die hellen Läufe tragen keine Federn.

Besonders beliebt ist der weiß-schwarzcolumbia Farbschlag: Die Federn des Halsbehangs sind schwarz gestreift, der Körper ist weiß, der Schwanz schwarz. Dieser Farbkontrast wird durch den hellroten Kamm, Gesicht, Ohr- und Kehllappen noch unterstrichen. Die Gelb-schwarzcolumbia sehen sehr ähnlich aus, nur ist hier das Weiß durch Goldgelb ersetzt.

Braun-porzellanfarbig bunte Sussex haben eine kastanienfarbige Grundfarbe; jede Feder ist schwarz gestreift und endet mit einer weißen Perle, was einen großartigen Gesamteindruck erzeugt. Die Schwanzfedern sind schwarz-weiß gefärbt.

Persönlichkeit

Den Sussex kann fast nichts erschüttern. Die Rasse ist sanft, friedlich und problemlos im Umgang. Dennoch sind die Hühner aktiv und neugierig.

Eier

Eine typische Henne legt rund 180 normal große, hellbraune Eier pro Jahr. Das ist zwar weniger als die 220 und mehr Eier aus der Glanzzeit der Rasse, aber immer noch eine gute Ausbeute.

Alltägliches/Fazit

Da Sussex relativ problemlos in der Haltung sind und kaum größeren Aufwand verlangen, eignen sie sich bestens für Anfänger. Sie scharren zwar gerne im Freiland, geben sich aber auch mit Stallhaltung zufrieden. Es sind robuste, an tiefe Temperaturen angepasste Vögel, die gut glucken und aufmerksame Mütter abgeben.

Sussex, Hahn, gelb-schwarzcolumbia.

Wyandotten

FANTASTISCHE LEGEHENNEN • STARKES TEMPERAMENT • ATTRAKTIV • WIDERSTANDSFÄHIG

Charakteristik: groß, schwer, weiche Feder · **Gewicht:** Hahn 4,1 kg, Henne 3,2 kg; Zwerg-Wyandotte, Hahn 1,7 kg, Henne 1,36 kg · **Farbschläge:** Gestreift, Schwarz, Blau, Blau gesäumt, Gelb, Gelb gesäumt, Weiß-schwarzcolumbia, Gold-schwarz gesäumt, Rebhuhnfarbig gebändert, Rot, Silber-schwarz gesäumt, Silberhalsig, Weiß

Für eine vergleichsweise junge Rasse können die Wyandotten mit einer sehr breiten Vielfalt von Farbschlägen aufwarten. Einer der Gründe dürfte in der Zuchtgeschichte dieser Zwiehühner zu suchen sein. Zuerst tauchte die silberfarbig-gebänderte Form im amerikanischen Bundesstaat New York auf. Sie entstammte einer Kreuzung aus einem Sebright-Hahn und den Nachkommen aus der Verbindung von Hamburger (Hahn, silbergesprenkelt) und Cochin (Henne). Nach weiteren Zuchtschritten wurde dem *American Standards Committee* 1876 eine Rasse als Amerikanische Sebright präsentiert. Die Kommission lehnte allerdings ab, weil Kopf und Form des Kammes nicht den üblichen Standards entsprachen.

Nach weiteren Einkreuzungen von hellen und dunklen Brahmahennen und einem Silberlack-Hamburger Hahn, möglicherweise auch von Holländer Weißhauben, nahm die Säumung der Federn zu. In seinem Buch *Illustrated Book of Poultry* berichtet Lewis Wright von frühen Importen nach England.

Sie sollen Anzeichen einer Haube gehabt haben – ein wichtiger Hinweis auf die Beteiligung von Holländer Weißhauben. Das Zuchtprogramm lief noch bis 1883, dann wurde die Rasse in Amerika als Wyandotten zugelassen – der Name geht auf einen Stamm nordamerikanischen Ureinwohner zurück.

Zwerg-Wyandotten, weiß-schwarzcolumbia, im Vordergrund der Hahn.

Englische Züchter kreuzten den silber-schwarz gesäumten Farbschlag mit verschiedenen Rassen, um die Grundfarbe und die Säumung regelmäßiger und verlässlicher zu machen. Sie kreuzten rebhuhnfarbige Cochin- und Hamburgerhähne (goldgesprenkelt) mit den Hennen des silber-schwarz gesäumten Schlages: Daraus entstand der gold-schwarz gesäumte Farbschlag. Durch Kreuzung dieser Vögel mit weißen Wyandotten entstanden die blau und gelb gesäumten Schläge.

Weiße Wyandotten sind eine Variante der silber-schwarz gesäumten Form; bei ihnen kommt es auf breite und glatt anliegende Befiederung an. Der weiß-schwarzcolumbia Farbschlag wurde 1893 auf der Columbia Exhibition in Chicago vorgestellt.

Aussehen

Die attraktiven Wyandotten sind bekannt für ihre nach hinten ansteigende Rückenlinie und einen kurzen, tiefen Körper mit voller Brust. Sie haben einen weiten Sattel, der zum fast aufrechten Schwanz hin ansteigt. Der Kopf ist breit mit einem gebogenen gelben oder hornfarbigen Schnabel, hervortretenden Augen (rot, orange oder gelbbraun), einem leuchtend roten Rosenkamm, länglichen Ohr- und mittelgroßen Kehllappen. Ihr mittellanger Hals trägt einen reichen Behang. Auch die Beine sind mittelgroß mit gut befiederten Schenkeln und vorwiegend gelben Läufen (bei Legehennen kann sich die Farbe etwas abschwächen).

Wyandotten, Hahn, weiß.

Unter den zahlreichen Farbschlägen sind die gesäumten vermutlich am attraktivsten; allerdings muss sich auch ein rebhuhnfarbig gebänderter Hahn keinesfalls verstecken.

Persönlichkeit

Der Charakter der Wyandotten passt gut in eine ländliche Umgebung. Es handelt sich um ruhige, freundliche Vögel, die gerne im Freien nach Futter scharren, aber auch in beengteren Verhältnissen zurechtkommen.

Eier

Eine gute Henne bringt es im ersten Jahr auf 200 oder mehr, im zweiten immerhin noch auf 175 Eier.

Alltägliches/Fazit

Die Wyandotten verlangen keine übermäßige Aufmerksamkeit. Die Rasse ist widerstandsfähig und robust. Sie halten auch Temperaturextreme aus. Die Hennen werden gute Glucken und Mütter. Allerdings dürfen die Hühner nicht überfüttert werden.

Ancona

LEBHAFT • ÜBERMÜTIG • ORDENTLICHE LEGELEISTUNG • NUR FÜR ERFAHRENE HALTER

Charakteristik: groß, leicht, weiche Feder • **Gewicht:** Hahn 2,7–2,95 kg, Henne 2,25–2,55 kg; Zwerg-Ancona, Hahn 570–680 g, Henne 510–620 g • **Farbschläge:** Schwarz mit weißen Flecken

Diese bemerkenswert aussehende Rasse mit glatten Läufen stammt aus dem Mittelmeergebiet – Ancona ist eine italienische Stadt. Sie wurde aus den ortsansässigen „Bauernhühnern" gezüchtet. Da die Anconas den Italienern bemerkenswert ähnlich sehen, gibt es seit langem eine Diskussion, sie dieser Rasse anzuschließen.

Die Rasse kam erstmals in den 50er-Jahren des 19. Jahrhunderts aus Italien nach England, dann dauerte es weitere 30 Jahre, bevor sie den amerikanischen Züchtern zugänglich wurde. Sie erwies sich zwar in den Kreisen der Züchter für Ausstellungen rasch als Hit, konnte aber niemals recht in die Kategorie der Haushühner vordringen. Daher blieb die Rasse außerhalb der spezialisierten Züchter ziemlich selten.

Es gibt sowohl eine große als auch eine Zwergversion der Anconas, wobei die Zwerg-Anconas genaue – nur kleinere – Spiegelbilder darstellen.

Aussehen

Anconas kommen nur in einer Form vor: schwarz mit weißen, V-förmigen Flecken auf den Spitzen der Federn. Einigen Züchtern in Amerika gelang ein blau-weißer Farbschlag, der aber noch nicht als Standard anerkannt wurde.

Anconas bilden zwei Formen von Kämmen aus. Der einfache Kamm hat bis zu sieben, tief eingeschnittene Zacken, der Rosenkamm ähnelt dem der Wyandotten. Kamm und die großen Kehllappen sollten leuchtend rot sein, die Ohrscheiben rein weiß. Die leuchtend gelben Läufe mit schwarzen Flecken sind ungefiedert, die Füße haben vier Zehen.

Persönlichkeit

Wie andere Rassen aus dem Mittelmeerraum fliegen Anconas gerne; sie schaffen es leicht über einen Zaun oder eine Hecke. Dies und ihre schnell erregbare Natur macht sie nicht gerade zu perfekten Familienhühnern – außerdem lassen sie sich nur ungern anfassen. Somit eignen sie sich eigentlich nur für erfahrene Hühnerhalter.

Eier

Anconas legen gut, daher bringt es eine gesunde, zufriedene Henne auf etwa 180 weißschalige Eier pro Jahr. Für eine reine Rasse ist dies sehr eindrucksvoll. Leider sind die Eier meist relativ klein.

Alltägliches/Fazit

Trotz ihres lebhaften Verhaltens ertragen Anconas auch kleinere Gehege, wenn die anderen Bedingungen stimmen. Besonders wohl fühlen sie sich allerdings nur, wenn ihnen viel Platz und eine Menge Ablenkung im Gehege

Zwerg-Ancona, Hahn.

geboten wird. Wenn sie die Chance bekommen, scharren sich Anconas ihr Futter gerne selbst im Freiland zusammen; dieses Verhalten entspricht ihrem aktiven, lebhaften Charakter. Sie sind widerstandsfähig, mögen aber keine allzu tiefen Temperaturen. Ein offenes Gehege braucht unbedingt hohe Zäune, die sehr kostenintensiv sein können. Kontrollieren Sie regelmäßig ihre Schar, um Ausbrechern schnell auf die Schliche zu kommen.

Die Hennen kümmern sich nicht besonders gut um ihre Küken. Wer selbst Küken aufziehen möchte, muss also andere, besser geeignete Hennen mit einbringen. Wer ab und zu ein Hähnchen für den Tisch haben möchte, sollte eines bedenken: Anconas wachsen zwar relativ schnell, aber es dauert lange, bis ein Hähnchen ein annehmbares Schlachtgewicht erreicht.

Ancona, Henne.

Appenzeller Spitzhauben

HERRLICHER V-FÖRMIGER KAMM • WEISSE EIER • PRÄCHTIGE ZEICHNUNG •
SEHR AKTIV • FLUGFREUDIG

Charakteristik: leicht, weiche Feder • **Gewicht:** Hahn 1,6–2 kg, Henne 1,3–1,6 kg • **Farbschläge:** Schwarz, Gold-schwarz getupft, Silber-schwarz getupft

Die Appenzeller Spitzhaube ist eine sehr charakteristische Rasse mit einem Hörnerkamm und einer nach vorn weisenden Haube. Sie wird in der Schweiz seit Hunderten von Jahren gezüchtet; der Name bezeichnet die Region, wo sie erstmals gezüchtet wurde. Das ähnliche Appenzeller Barthuhn ist kompakter gebaut.

Aussehen

Appenzeller Spitzhauben haben einen ausgebreiteten, aufrechten Schwanz und dunkelbraune Augen. Hähne des silber-schwarz getupften Farbschlages haben silberweiße Federn mit einem schwarzen Tupfen an der Spitze; Hennen sehen ähnlich aus. Bei der gold-schwarz getupften Version ist die Grundfarbe goldbraun.

Persönlichkeit

Es sind aufmerksame und nervöse Hühner, die sich in beengten Verhältnissen nicht gut entfalten können. Bei geeigneter Gelegenheit fliegen sie gern.

Eier

Relativ gute Legeleistung; Hennen legen etwa 150 weiße Eier pro Jahr.

Alltägliches/Fazit

Appenzeller Spitzhauben legen ordentlich und sind fruchtbar, wenn auch nicht besonders robust. Bei kaltem, feuchtem Wetter kann die Haube zum Problem werden, insbesondere wenn Frost droht. Die Rasse ist definitiv nicht für Anfänger geeignet.

Appenzeller Spitzhaube, Henne, silber-schwarz getupft.

Hühnerrassen

Hamburger

PRÄCHTIGES AUSSEHEN • FLUGFREUDIG • UNFREUNDLICH • KLEINE EIER •
NICHT FÜR ANFÄNGER

Charakteristik: groß, leicht, weiche Feder • **Gewicht:** Hahn 2,25 kg, Henne 1,8 kg; Zwerg-Hamburger, Hahn 680–790 g, Henne 620–740 g • **Farbschläge:** Schwarz, Goldlack, Silberlack

Hamburger kommen nicht etwa aus der gleichnamigen Stadt, sondern wurden über Hunderte von Jahren in Nordengland gezüchtet. Woher die Rasse genau stammt, lässt sich nicht mehr rekonstruieren, doch möglicherweise wurden über einen längeren Zeitraum hinweg kleine, einheimische, fasanenartige Wildvögel eingekreuzt, bis die heutige Rasse entstand.

Aussehen

Der lange, geschwungene Schwanz bildet die perfekte Ergänzung des kompakten, schlanken Körpers. Den Kopf bedeckt ein Rosenkamm, der in einen nach hinten gerichteten Dorn ausläuft.

Das Gefieder des schwarzen Farbschlages schimmert käfergrün, während der Goldlack-Farbschlag eine goldkastanienbraune Grundfarbe und einen schwarzen Schwanz besitzt. Sichel- und Deckfedern sind golden gesäumt. Beim silbernen Farbschlag ist die Grundfarbe ein silbriges Weiß.

Alle haben rote Gesichter, Kämme und Kehllappen, weiße Ohrscheiben und graublaue Läufe und Füße.

Persönlichkeit

Hamburger sind nicht sehr freundlich gesinnt. Wenn möglich, meiden sie sogar den Kontakt mit Menschen. Die Rasse neigt zum Flattern und geht gerne allein auf Futtersuche. Insgesamt handelt es sich um eine Rasse nur für erfahrene Hühnerhalter.

Eier

Die Hennen legen eine normale Menge kleiner, weißer Eier.

Alltägliches/Fazit

Es sind aktive, sehr flugfreudige Hühner; sie lassen sich leicht erschrecken. Hamburger sind widerstandsfähig, die Hennen werden keine guten Glucken und die Rasse fühlt sich in Stallhaltung nicht wohl.

Hamburger, Hahn, silberlack.

Hühnerrassen

Italiener

GROSSER KAMM • LEGT REICHLICH EIER • WEISSE EIER • FLUGFREUDIG

Charakteristik: mittelgroß, leicht, weiche Feder • **Gewicht:** Hahn 3,4 kg, Henne 2,5 kg; Zwerg-Italiener, Hahn 1,02 kg, Henne 910 g • **Farbschläge:** Schwarz, Goldfarbig, Gelb, Gesperbert, Duckwing, Exchequer, Gescheckt, Rebhuhnfarbig, Pyle, Weiß

Italiener haben die Hühnerzucht über viele Jahre lang dominiert. Wie der Name sagt, stammen diese ursprünglich aus Italien – eine der mediterranen Rassen mit weißen Ohrscheiben. Weiße Ohrscheiben waren schon immer ein Zeichen guter Legehennen, und genau aus diesem Grund breitete sich die Rasse in mehreren europäischen Ländern aus. Doch erst in Amerika entstanden die zahllosen Farbvariationen dieser Rasse und damit nahm auch ihre Bedeutung für andere Zuchten zu.

In den 30er-Jahren des 19. Jhs. wurden die ersten braunen Exemplare nach Amerika exportiert. Sie wurden dort Leghorn genannt, möglicherweise nach der Hafenstadt Livorno (englisch: Leghorn), wo die Schiffe abfuhren. Bald darauf folgten die weißen Formen, die etwa 40 Jahre später wieder ihren Weg zurück nach Großbritannien fanden.

Die amerikanischen Züchter benutzten die Italiener als Ausgangspunkt für eine ganze Reihe von Zuchtprogrammen; aus einem gingen letztlich die Rhodeländer hervor. Außerdem spielte die Rasse eine entscheidende Rolle in der Entwicklung der modernen Hybridhühner.

Aussehen

Das Aussehen der Italiener wird von dem großen, einfachen Kamm beherrscht, der von den Hähnen stets stolz aufrecht gehalten wird; bei den Hennen darf er auf die Seite fallen. Der Körperbau ist kräftig, gut proportioniert und reichlich gefiedert. Sie haben volle Schwänze, lange Hälse und federlose Läufe. Man kann zwischen einer großen Zahl von Farbvarianten wählen. Besonders auffallend sind der mehrfarbige, traditionelle goldene Farbschlag und der Exchequer. Die gelben, weißen und schwarzen Farbschläge sind einfacher und rustikaler.

Unabhängig von der Farbe zeichnen sich alle Italiener durch einen gelben oder hornfarbenen Schnabel sowie rote Augen aus. Gesicht und Kehllappen sind leuchtend rot, die Ohrscheiben reinweiß gefärbt, selten auch cremefarbig. Die Läufe sind meist gelb, manchmal auch orange.

Persönlichkeit

Wie andere mediterrane Rassen können auch die Italiener laut und erregbar sein. Die Zwerg-Italiener sind sanfter als ihre großen Vettern.

Eier

Wer sich mit dem sprunghaften Charakter abfinden kann, den belohnen die Italiener mit Massen von Eiern. Unter den reinen Rassen haben sie eine der höchsten Legeleistungen. Jede gesunde, zufriedene Henne bringt es im Jahr auf etwa 200 Eier.

Alltägliches/Fazit

Italiener finden sich ganz gut damit ab, auch im Stall gehalten zu werden. Da manche gern flattern, lohnt sich die Investition in ein sicheres Gehege. Um Störungen zu vermeiden, sollte das Gehege so weit entfernt wie möglich vom Haus liegen.

Die Hennen kümmern sich nicht um die Küken, daher macht es keinen Sinn, Italiener zur natürlichen Brut zu bewegen. Sie scharren gerne im Freiland und sind in der Regel robust; manche werden sechs Jahre alt. Allerdings können die großen Kämme bei sehr kaltem Wetter Schaden nehmen.

Italiener, Hahn, goldfarbig.

Minorka

LEBHAFT • LEGEFREUDIG • GROSSER KAMM • GRAZIÖSES AUSSEHEN

Charakteristik: groß, leicht, weiche Feder • **Gewicht:** Hahn 3,2–3,6 kg, Henne 2,7–3,6 kg; Zwerg-Minorka, Hahn 960 g, Henne 850 g • **Farbschläge:** Schwarz, Blau, Weiß

Minorka-Hühner waren im Mittelmeerraum bereits über ein Jahrhundert lang etabliert, bevor sie in Großbritannien bekannt und immer beliebter wurden. Im Westen Englands galten sie schon viele Jahre lang als Favoriten. Doch erst als die Spanier mit ihren weißen Gesichtern ab den 70er-Jahren des 19. Jhs. in Ungnade fielen, setzten sich die Minorka mit den roten Gesichtern als gute Eierleger durch.

Die zunehmende Popularität war aber ein zweischneidiges Schwert. Züchter mit Zielrichtung Ausstellungen versuchten, die beherrschenden Eigenschaften des Kopfes hervorzuheben. Damit ging leider fast zwangsläufig auch ein Teil der Fähigkeit verloren, reichlich Eier zu legen.

Aussehen

Minorkas sind grazile, stolze Vögel. Sie halten sich aufrecht und der abfallende, schlanke Körper endet insbesondere beim schwarzen Farbschlag in einem attraktiven Schwanz.

Der Kopf wird durch den Kamm geprägt. Er ist beim Hahn einfach, groß und tief gesägt (im Idealfall mit fünf Spitzen). Der Kamm der Hennen steht nicht aufrecht, sondern fällt zur Seite; dabei sollte ein zu tief hängender Kamm nicht das Gesichtsfeld der Henne einschränken.

Es gibt einen Schlag mit Rosenkamm; er ist mit kleinen Perlen besetzt und endet in einem nach hinten gerichteten Dorn. Die Augen sind groß, besonders auffällig sind jedoch die weißen Ohrscheiben, die bei Hähnen bis 8 cm lang werden können, und die großen roten, runden Kehllappen.

Zwei elegante schwarze Minorkas.

Das beliebte schwarze Minorka hat glänzend schwarze Federn, dunklen Schnabel, Augen und Läufe sowie vier Zehen an jedem Fuß.

Weiße und blaue Minorkas sind seltener. Sie haben glänzend weißes bzw. weiches blauschwarzes Gefieder und helle bzw. blaue Läufe.

Persönlichkeit

Aufgrund seiner Herkunft aus dem Mittelmeergebiet kann ein Minorka einen unerfahrenen Halter ganz schön in Verlegenheit bringen.

Eier

Eine Minorkahenne in guter Verfassung legt jährlich etwa 200 große Eier mit weißen Schalen.

Alltägliches/Fazit

Minorkas kommen zwar sehr gut mit Hitzeperioden zurecht, doch der große Kamm ist durch Erfrierungen gefährdet. Wegen ihres lebhaften Wesens braucht die Rasse eine sichere Umzäunung. Die Hühner reifen schnell heran, die Hennen sind aber keine guten Glucken. Wer sich mit dem mediterranen Temperament abfindet, wird an dem eleganten, stolzen Gehabe der Minorkas sicher seine Freude haben.

Minorka, Hahn, schwarz.

Holländer Haubenhühner

FANTASTISCHES AUSSEHEN • HOHER PFLEGEAUFWAND • BELIEBTE AUSSTELLUNGSRASSE • FREUNDLICH

Charakteristik: groß, leicht, weiche Feder • **Gewicht:** Hahn 2,95 kg, Henne 2,25 kg; Zwerg-Holländer Haubenhuhn, Hahn 680–790 g, Henne 510–680 g • **Farbschläge:** Schwarz mit weißer Haube, Blau, Chamois, Gesperbert und Gelb, Goldfarbig, Schwarz, Weiß, Silberfarbig, Schwarz-weiß mit weißer Haube, Gesperbert

Holländisches Haubenhuhn, Hahn, Frizzle, silbergesäumt.

Fachleute halten die Holländischen Haubenhühner für eine der ältesten Hühnerrassen. Es gibt ungesicherte Hinweise darauf, dass sie bereits vor den Römern existierten. Wie bei vielen sehr alten Hühnerrassen verlieren sich die Tatsachen über den Ursprung in vielen Theorien und Spekulationen.

Sicher ist nur, dass ihre Wurzeln irgendwo in Mitteleuropa zu finden sind – am wahrscheinlichsten sind die Niederlande und Frankreich. Im englischen Sprachraum werden sie *Poland* genannt, was allerdings keineswegs auf eine Herkunft aus Polen hindeuten soll. Vermutlich handelt es sich bei dem Namen um eine Verballhornung von „poll" (etwa „Hörner kappen"), das über „Pole" und „Polled" zu Poland wurde.

Obwohl die Hennen im Sommer recht ansehnliche Eier legen, werden die Haubenhühner heute kaum noch zu diesem Zweck gehalten. Die meisten Besitzer erfreuen sich am Anblick ihrer Hühner; entsprechend häufig sind sie auf Hühnerschauen zu finden. Sie waren schon in der ersten Hühnerschau Englands (1845 in London) vertreten und als Rasse erschienen sie im *British Poultry Standard* von 1865.

Aussehen

Das gesamte Aussehen wird durch die Haube geprägt; die Federn wachsen aus einer Vorwölbung auf dem Kopf aus. Es gibt Farbschläge, deren Hauben Ton in Ton mit dem Gefieder sind, bei anderen zeigen sie ein kontrastreiches Weiß.

Die mutigen, aktiven Hühner haben einen langen Rücken und eine runde Brust. Der volle Schwanz sollte breit, aber nicht aufrecht getragen werden. Durch die Haube wird der große Kopf fast völlig verdeckt; von vorn sollte sie gleichmäßig aussehen.

Der V-förmige Kamm ist sehr klein oder fehlt völlig und beiderseits des Schnabels fallen die Nasenlöcher auf. Beim schwarzen Farbschlag mit weißer Haube fehlt die Befiederung und die Kehllappen sind länger. Bei anderen Farbschlägen kann die Gesichts-befiederung die kleinen, weißen Ohr-scheiben verdecken; Kehllappen fehlen völlig.

Es gibt mehr als zehn Farbschläge, die häufigste Version ist Schwarz mit weißer Haube.

Persönlichkeit

Die meisten Hühner dieser Rasse werden von Spezialisten gehalten, die sich an dem schönen Aussehen erfreuen oder auf Ausstellungen glänzen möchten. Die Hühner haben einen freundlichen Charakter, lassen sich gerne anfassen und eignen sich als Haustiere,

Zwei Holländische Weißhauben.

Eier

Pro Saison sollte eine Henne etwa 120 kleinere, weiße Eier legen.

Alltägliches/Fazit

Die schöne Kopfbefiederung macht im täglichen Umgang mit den Hühnern viel Arbeit – keine ideale Rasse für Anfänger. Die Haube muss regelmäßig kontrolliert und gesäubert werden, damit sich keine Parasiten festsetzen. Manche Infektionen führen bis zur Blindheit. Da die Haube das Gesichts-feld der Hühner einschränkt, sind sie nur bedingt für ein gemischtes Hühnervolk geeignet. Andere Rassen ohne Haube nützen diese Schwäche aus.

Achten Sie darauf, Wasser nur aus schmalen Spendern anzubieten, damit die Federn nicht feucht werden. Beim Futter sind Pellets besser geeignet als Mischfutter, denn der Staub könnte sich in den Augen festsetzen.

Scots Dumpy

SCHOTTISCHE WURZELN • SANFT • GUTES TAFELHUHN • ZUCHT SCHWIERIG

Charakteristik: groß, leicht, weiche Feder • **Gewicht:** Hahn 3,2 kg, Henne 2,7 kg; Zwerg-Scots Dumpy, Hahn 790 g, Henne 680 g • **Farbschläge:** u.a. Schwarz, Braun, Gesperbert, Goldfarbig, Silberfarbig, Weiß

Die in Schottland gezüchteten Scots Dumpy Hühner zeichnen sich durch extrem kurze Beine aus. Nach alten Quellen tauchte die Rasse bereits im 18. Jh. in Schottland auf. In England wird sie 1852 in der Stadt Newmarket erwähnt. Gegen Ende des 19. Jhs. stand die Rasse kurz vor dem Aussterben; damals lebten nur noch wenige Exemplare bei einigen Familien in Schottland. Inzwischen wurde ein Verein gegründet, der sich dem Erhalt dieser Rasse verschrieben hat. Die Zukunft des Scots Dumpy dürfte also gesichert sein.

Das merkwürdige Aussehen der Rasse – langer, tiefer Körper auf kurzen Beinen – hat viele Halter zu entsprechenden Namen angeregt: Kriecher, Krabbler oder Ähnliche. Kurzbeinige Rassen wurden auch in Frankreich und Deutschland gezüchtet.

Aussehen

Natürlich hinterlassen die kurzen Beine den beherrschenden Eindruck. Tatsächlich befindet sich der Bauch eines erwachsenen Huhnes kaum 5 cm

Scots Dumpy, Hahn.

Ein Pärchen Scots Dumpys; die Rasse gilt als sehr sanft, die Zucht ist allerdings schwierig.

über dem Boden. Daraus resultiert ein ungewöhnlicher, watschelnder Gang. Auf diesen kurzen Beinen sitzt aber ein großer, langer und breiter Körper. Die Vögel haben einen flachen Rücken und einen vollen Schwanz mit schön gebogenen Sichelfedern (bei den Hähnen). Am Kopf sitzen der kräftige, gebogene Schnabel, große, rote Augen und ein einfacher, gezackter Kamm.

Das Gesicht ist glatt und rot, Ohr- und Kehllappen sind rot und durchschnittlich groß. Der Halsbehang ist lang und fließend.

Für die Scots Dumpys gibt es keine definierten Farbschläge, sondern nur eine Reihe von Varianten.

Persönlichkeit

Man muss diese Hühner einfach mögen; sie sind sanft und fügen sich bestens in ein Gartengehege ein, sofern der Halter über eine gewisse Erfahrung verfügt.

Eier

Die Hennen legen gut; die Eier haben eine helle Schale.

Alltägliches/Fazit

Für einen Züchter stellen die kurzen Beine ein gewisses Problem dar. Durch Kreuzungen tendiert die Rasse zur Rückentwicklung normal langer Beine. Werden aber nur kurzbeinige Exemplare gekreuzt, nehmen Inzucht, Unfruchtbarkeit und die Sterberaten zu. Immerhin sind die Hennen für ihre mütterlichen Qualitäten berühmt. Außerdem soll die Rasse schmackhafte Tafelhühner liefern.

Scots Grey

STOLZ • ERREGBAR • ELEGANT • ROBUST • LEGEFREUDIG

Charakteristik: groß, leicht, weiche Feder • **Gewicht:** Hahn 3,2 kg, Henne 2,25 kg; Zwerg-Scots Grey, Hahn 620–680 g, Henne 510–570 g • **Farbschläge:** Schwarz-weiß gestreift

Bevor die Scots Grey diesen Namen (Scots Grey wurden die schottischen Dragoner im Krimkrieg genannt) bekamen, waren sie im Volksmund als Scotch Grey und Chick Marley bekannt. Es sind interessante, elegante Hühner, die ihrem Besitzer viel zu bieten haben – etwas Platz und eine Leidenschaft für seltene, aber praktische Arten vorausgesetzt. In Schottland ist diese Rasse bereits seit Jahrhunderten verbreitet, wo sie sich wohl ausschließlich aus Farmgeflügel entwickelte. Im frühen bis mittleren 19. Jh. tauchten sie immer wieder bei Geflügelschauen auf. Die damaligen Exemplare waren allerdings kleiner und gröber gezeichnet als die heutige Rasse.

Als die Rasse gegen Ende des 19. Jhs. „aus der Mode" kam, gründete sich 1885 ein Club von Enthusiasten, der sich die Erhaltung der Rasse auf die Fahnen schrieb. Vermutlich trägt das Scots Grey etwas Kämpferblut in sich, daher die langen Läufe; gesichert ist das allerdings nicht.

Obwohl die Rasse immer noch selten ist, scheint die Zukunft der Scots Grey gesichert zu sein, eine gute Nachricht für Menschen, die den Wunsch nach einem etwas anderen Huhn hegen.

Aussehen

Sowohl Hennen wie Hähne sehen sehr auffällig aus. Es sind aktive, aufrechte und mutige Vögel mit breitem, flachem Rücken, einer tiefen, vorgewölbten Brust und relativ langen Flügeln. Der kräftige Schnabel ist meist hell gefärbt, die großen Augen bernsteinfarben und Gesicht, Kamm, die runden Kehl- und Ohrlappen leuchtend rot. Der mittelgroße Kamm ist einfach mit sechs scharfen Zacken und wird aufrecht getragen.

Der Hals mit einem Behang, der beim Hahn bis über die Schultern reicht, verjüngt sich attraktiv nach oben. Die Vögel stehen auf kräftigen, langen, weit gestellten Beinen. Die Läufe sind hell und federlos, jeder Fuß endet mit vier Zehen.

Die schöne Befiederung beruht auf einer stahlgrauen Grundfarbe und deutlichen schwarzen Streifen auf jeder Feder. Für eine Ausstellung müssen diese Zeichnungen gleichmäßig ausfallen; es dürfen weder Abweichungen nach Weiß noch Rötlich vorkommen.

Persönlichkeit

Scots Grey sind stolze Vögel mit jeder Menge Charakter. Als aktive Hühner lassen sie sich allerdings von Störungen schnell aus der Ruhe bringen. Während der Brutzeit neigen die Hähne verstärkt zu lebhaftem Verhalten. Deswegen eignet sich die Rasse nicht besonders gut für Familien, vor allem nicht mit kleinen Kindern.

Eier

Da die Scots Grey ursprünglich auf Bauernhöfen lebten, darf der Besitzer eine ordentliche Menge an normal großen Eiern mit heller Schale erwarten, wenn die Hennen gut gepflegt werden.

Alltägliches/Fazit

Dank ihrer Wurzeln auf schottischen Bauernhöfen ist die Rasse widerstandsfähig und scharrt gerne. Die Hühner lassen sich allerdings nicht gerne einsperren und reagieren mit Picken und Federnausreißen, wenn ihnen die Verhältnisse zu beengt erscheinen.

Die Hennen sind verlässliche Glucken. Scots Grey reifen schnell heran und sollen sehr lecker schmecken.

Scots Grey, Hahn.

Seidenhühner

SEHEN EINZIGARTIG AUS • SANFT UND RUHIG • SEHR GUTE GLUCKEN •
BRAUCHEN ZUWENDUNG

Charakteristik: groß, leicht, weiche Feder · **Gewicht:** Hahn 1,8 kg, Henne 1,36 kg; Zwergseidenhühner, Hahn 620 g, Henne 500 g · **Farbschläge:** Schwarz, Blau, Gelb, Rot, Weiß

Auch die Seidenhühner sind derart einzigartig, dass sie keiner anderen Hühnerrasse gleichen. Besonders auffällig sind die beinahe fellartigen Federn, die dem Huhn ein ungewöhnliches – manche sagen auch komisches – Aussehen verleihen. Mit ihren befiederten Beinen und der Puderquaste aus Federn auf dem Kopf erinnern sie an ein großes Fellknäuel. Außerdem gibt es Versionen mit Bärten und Federquasten über den Ohren.

Das sind aber noch nicht alle merkwürdigen Eigenschaften dieser alten, asiatischen Rasse. Seidenhühner gehören zu den wenigen Hühnerrassen mit fünf Zehen an jedem Fuß. Ihre Haut, der Kamm und die Kehllappen sind dunkelpurpurn bis fast schwarz. Wegen dieser dunklen Haut sehen sie in gekochtem Zustand äußerst ungewöhnlich aus – dass zudem ihre Knochen beinahe schwarz sind, verstärkt diesen Eindruck noch.

Wie bei manch anderen alten Rassen ist auch die Herkunft der Seidenhühner ungeklärt. Es gilt aber allgemein als sicher, dass die Rasse bereits seit mehreren hundert Jahren existiert:

Marco Polo erwähnt (im 13. Jh.) ein pelziges Huhn, das er auf seiner Reise durch China entdeckte. Die Seidenhühner gelangten über die Handelsrouten von Asien in den Westen. In alten Quellen wird berichtet, dass die Holländer sie als eine Kreuzung aus Huhn und Kaninchen verkauften. Obwohl Seidenhühner als große Rasse gelten, werden sie häufig als Zwerghühner angesehen. In England werden die echten Zwerge seit 1993 als Standard geführt.

Seidenhuhn, Hahn, weiß.

Hühnerrassen

Aussehen

Die Hähne haben, verborgen unter ihren flaumigen Federn, einen gedrungenen, kräftigen Körper. Der kurze Rücken leitet zu einem zerzaust aussehenden Schwanz über. Dass auch die Flügel zerzaust wirken, beruht darauf, dass die Schwungfedern in Strähnen lose herabhängen.

Kopf und Augen

Der Kopf wird von den flaumigen Haubenfedern beherrscht, der dunkle Kamm erinnert an eine halbe Walnuss. Die Augen sind schwarz, der Schnabel kurz und Gesicht und Kehllappen schwärzlich-blau gefärbt. Im Idealfall sollten die Ohrlappen türkisblau aussehen, haben aber häufig die Farbe des Gesichts.

Beine und Zehen

Die dunkelgrauen Läufe, aber auch die mittlere und äußere Zehe an jedem Fuß sind schwach befiedert. Bei den Hennen ist der Sattel stärker gepolstert, damit ist der Schwanz fast bedeckt. Da auch ihre Beine kürzer sind, scheint der Federflaum fast den Boden zu berühren. Kamm, Ohr- und Kehllappen sind kürzer.

Persönlichkeit

Seidenhühner haben einen wunderbar sanften und ruhigen Charakter, der sie für den Garten prädestiniert. Allerdings sollte man sie nicht mit anderen Hühnern mischen, sondern immer allein halten.

Für die Seidenhühner spricht vieles: einzigartiges Aussehen, guter Charakter und unglaubliche Glucken.

Eier

Die Hennen verbringen viel Zeit mit dem Glucken, fallen also lange für das Eierlegen aus. Mit etwas Glück bekommt man von einer guten Henne etwa 100 kleine Eier jährlich.

Alltägliches/Fazit

Seidenhühner eignen sich aus zwei Gründen besonders gut für den privaten Halter: Sie können nicht fliegen und sind auch mit etwas beengteren Verhältnissen zufrieden. Ein starker Nachteil sind allerdings die Federn. Sie leiden unter feuchten oder matschigen Bedingungen, außerdem werden Kalkbeine durch die Federn noch schlimmer. Daher müssen Futter- und Trinkautomaten stets sorgfältig gesäubert und getrocknet werden, sonst breiten sich Parasiten und Augenkrankheiten aus. Auch die Marek'sche Hühnerlähmung kann zum Problem werden, was beim Kauf zu beachten ist.

Welsumer

LEGEFREUDIG • DUNKLE EIER • KINDERFREUNDLICH • SANFT • SCHLECHTE MÜTTER

Charakteristik: groß, leicht, weiche Feder • **Gewicht:** Hahn 3,2 kg, Henne 2,7 kg; Zwerg-Welsumer, Hahn 1,02 kg, Henne 790 g • **Farbschläge:** Rebhuhnfarbig, Silver-duckwing

Der Name bezieht sich auf die Stadt Welsum im Osten Hollands, wo diese Rasse gezüchtet wurde. Sie ist seit 1930 in England als Rassestandard anerkannt, wo ihre großen „blumentopfbraunen" Eier sofort ein Hit waren. Tatsächlich war das Braun derart intensiv, dass manche glaubten, es handele sich um eine Fälschung. Diese Vermutung wurde dadurch gestützt, dass sich die Pigmente frisch gelegter Eier leicht abwaschen lassen.

In den ersten Zuchtversuchen wurden rebhuhnfarbige Cochin, Wyandotten und Italiener eingekreuzt. Es entstanden eine Unzahl verschiedenster Farbvarianten, so Hühner mit hellgelben Federn, fünfzehigen Füßen oder blauen Schwanzfedern.

Immerhin war die Rasse viel versprechend und die Züchter blieben am Ball. Höchstwahrscheinlich spielten Barnevelder und Rhodeländer eine wesentliche Rolle bei der Rassenbildung, bis schließlich das Welsumer und seine eindrucksvolle Legeleistung herauskamen.

Aussehen

Welsumer sehen attraktiv, wenn nicht sogar spektakulär aus; die Hähne überzeugen durch ein Aussehen, das an traditionelle Bauernhof-Hähne erinnert. Beide Geschlechter sind aktiv und bewegen sich aufrecht und geschäftig. Sie haben einen langen Rücken, wobei die Linie von Hals, Rücken und Schwanz ein U beschreibt.

Am gut proportionierten Kopf sitzen ein kurzer, heller Schnabel, lebhafte, orangefarbene Augen, ein einfacher, aufrechter Kamm mit fünf bis sieben Zacken, ein glattes, rotes Gesicht, kleine rote Ohr- und mittelgroße Kehllappen. Die gelben Läufe sind ungefiedert und enden in vier gespreizten Zehen. Die Hähne sind intensiver gefärbt als die Hennen – in einer Mischung aus Rot, Braun und Schwarz mit käfergrünem Schimmer. Die Hennen sind einfacher gezeichnet: Ihre braune Grundfarbe ist mit schwarzen, rebhuhnartigen Flecken gezeichnet (die Federn des Behangs haben goldene Schäfte).

Eine große und eine Zwerg-Welsumer Henne.

Der Farbschlag Duckwing ist ein schwarz-weißes Huhn; die Hennen haben eine lachsrote Brust und sind ansonsten silbergrau gefärbt.

Persönlichkeit

Welsumer haben einen freundlichen, sanften Charakter, lassen sich gerne anfassen und sind kinderfreundlich; damit passen sie bestens in einen Garten. Da die Rasse zudem noch ruhig ist, macht sie rundum nur Freude.

Eier

Eine gute, gesunde Henne legt pro Jahr 140–160 Eier, alle mit einer tiefbraunen Schale.

Alltägliches/Fazit

Bei diesen Hühnern stimmt einfach alles. Sie sind einfach in der Pflege, scharren gerne im Freiland, haben aber auch nichts dagegen, im Stall zu leben. Welsumer sind widerstandsfähig und gute Futterverwerter.

Der vielleicht einzige Schwachpunkt sind die Hennen: Sie sind keine guten Mütter. Um eine sichere Zucht zu gewährleisten, brauchen Sie also einen Brutkasten.

Welsumer Junghennen.

Belgische Bartzwerge

WINZIG • AKTIV • DEKORATIV • KÖNNEN AGGRESSIV SEIN

Charakteristik: echtes Zwerghuhn • **Gewicht:** Hahn 680–790 g, Henne 570–680 g • **Farbenschläge:** viele und variabel

Diese Zwerghühner wurden im frühen 20. Jahrhundert in Belgien gezüchtet, ohne dass es eine große Ausgangsrasse gegeben hätte. Es gibt drei Haupttypen: Barbu d'Uccle (Ukkel'sche Bartzwerge), Barbu d'Anvers (Antwerpener Bartzwerge) und Barbu de Watermael (Watermaal'sche Bartzwerge).

Aussehen

Die Barbu d'Uccle zeichnen sich durch großartigen Halsbehang und eine volle Brust aus. Die Flügel weisen schräg nach unten. Über dem auffallenden Bart sitzt ein kurzer, gebogener Schnabel.

Auch die Barbu d'Anvers haben einen langen Behang. Ihr Kopf erscheint größer und der Schnabel ist zweifarbig. Beim Barbu de Watermael fallen eine Haube und der Rosenkamm auf, die den Kopf deutlich größer erscheinen lassen als er ist.

Persönlichkeit

Die Hühner haben einen freundlichen und ansprechenden Charakter, obwohl einige Hähne während der Brutzeit aggressiv werden können.

Eier

Die Hennen legen winzige Eier mit cremeweißen Schalen.

Alltägliches/Fazit

Die Hühner dieser winzigen Rasse sind sehr aktiv und flugfreudig – sie brauchen einen gesicherten Auslauf. Antwerpener Bartzwerge können gut im Stall gehalten werden, scharren aber auch gern im Auslauf.

Obwohl sie ziemlich widerstandsfähig sind, müssen sie vor schlechtem Wetter geschützt werden.

Antwerpener Bartzwerg, Barbu d'Anvers, wachtelfarbiger Hahn.

Booted Bantam

STOLZ • GEFIEDERTE LÄUFE • SANFT • GUT GEEIGNET FÜR FREILANDHALTUNG

Charakteristik: echtes Zwerghuhn · **Gewicht:** Hahn 850 g, Henne 750 g · **Farbenschläge:** Gestreift, Schwarz, Gelb, Columbia, Millefleur, Rebhuhnfarbig, Perlgrau, Porzellanfarbig, Weiß

Von den wenigen, echten Zwerghühnern ist nur das Holländische Federfüßige Zwerghuhn (Dutch Booted Bantam) auf dem europäischen Festland verbreitet. Es wurde bis ins 17. Jahrhundert in den Niederlanden gehalten. Charakteristisch für die Rasse sind die langen steifen Federn, die wie „Stiefel" am Gelenk der Läufe ansetzen.

Aussehen

Booted Bantams sind stolze, stämmige Hühner. Sie tragen ihre Brust hoch und aufrecht, während Kopf und Hals leicht zur Seite geneigt werden. Sie haben einen kurzen, kompakten Körper mit breitem Rücken und tief getragenen Flügeln. Ihr Sattel ist reichlich mit langen Federn gefiedert.

Hähne tragen einen deutlich gezackten Kamm mit fünf Zacken. Er ist, wie Ohr- und Kehllappen, rot gefärbt.

Persönlichkeit

Gewöhnlich sind die Hühner freundlich und sanft. Sie fühlen sich auch in kleineren Hühnerställen wohl, obwohl mehr Platz günstiger ist. Außerdem laufen sie gern im Garten herum, wo ihre gefiederten Läufe den Pflanzen keinen Schaden zufügen.

Eier

Im Sommer legen die Hennen gut. Die Farbe der winzigen Eier wechselt zwischen weiß und getönt.

Alltägliches/Fazit

Die gefiederten Füße müssen regelmäßig kontrolliert werden. In einem schmutzigen Stall werden die Federn rasch schmutzig oder verkleben gar.

Wegen der Federn an den Läufen und weil sie nicht flattern, brauchen Booted Bantams breitere und niedrigere Stangen. Im Allgemeinen ist die Rasse widerstandsfähig.

Sie gelten als gute Glucken, doch man kann sich nicht auf alle Formen verlassen; unerfahrene Hühnerhalter könnten Probleme bei der Aufzucht von Küken bekommen.

Booted Bantam, Henne, Millefleur.

Hühnerrassen

Holländische Zwerghühner

EINFACH IN DER HALTUNG • FREUNDLICH • FARBENFROH • LÄSST SICH GERNE ANFASSEN • WIDERSTANDSFÄHIG

Charakteristik: echtes Zwerghuhn • **Gewicht:** Hahn 510–570 g, Henne 400–450 g; • **Farbenschläge:** Schwarz, Gelb, Gelb-schwarzcolumbia, Gesperbert, Lavender, Millefleur, Pyle, Lachsfarbig, Silver-duckwing, Weizenfarbig, Weiß und andere mehr

Holländische Zwerghühner haben keine „großen" Vorfahren, sind also echte Zwerghühner. Sie gehören zu den kleinsten und freundlichsten Zwerghühnern und treten in über 20 unterschiedlichen Farbvarianten auf.

Die Rasse ist nicht nur attraktiv, sondern hat auch praktische Vorteile.

Immerhin legt eine gesunde Henne bis zu 160 Eier pro Jahr und die Rasse gibt sich auch mit wenig Raum zufrieden. Damit ist sie geradezu prädestiniert als Haushuhn.

Von welchen Vorfahren die Holländischen Zwerghühner eigentlich abstammen, ist unklar. Auf den niederländischen Bauernhöfen liefen schon seit vielen hundert Jahren rebhuhnfarbige Zwerghühner herum – sie dürften der Ursprung der heutigen Rasse sein. Die erste schriftliche Erwähnung stammt aus dem Jahr 1882: Ein Zoodirektor in Den Haag erwähnt die Rasse in einem Handbuch. Sie kam ursprünglich nur in der rebhuhnartigen Wildfarbe vor, ähnlich wie das wilde Bankivahuhn. Holländische Zwerghühner sind mit anderen alten holländischen Rassen verwandt, so dem Friesenhuhn, das 1906 offiziell in einem Niederländischen Geflügelverein beschrieben wird.

In den frühen 70er-Jahren des 20. Jahrhunderts kamen die ersten Exemplare nach England und 1982 formierte sich ein Züchterclub, der 13 Standard-Farbenschläge festsetzte. Inzwischen nimmt die Beliebtheit der Rasse überall auf der Welt zu.

Aussehen

Das Holländische Zwerghuhn ist ein aufrechtes, aktives Hühnchen mit kurzem, fast U-förmigem Rücken und reichem Gefieder. Die Schmuckfedern (Sichelfedern des Schwanzes, Deckfedern, Sattel- und Halsbehang) sollten gut entwickelt sein.

Holländisches Zwerghuhn, Henne, goldfarbig.

Ein Pärchen Holländischer Zwerghühner, goldfarbig.

Der relativ kleine Kopf sitzt auf einem kurzen, gebogenen Hals. Er trägt einen kurzen, hornfarbigen Schnabel und einen roten, einfachen Kamm mit fünf kleinen Zacken. Die Kehllappen sind klein, rot und rundlich und stehen in auffallendem Kontrast zu den weißen, mandelförmigen Ohrscheiben. Die Augenfarbe schwankt zwischen Orange und Dunkelbraun. Die Hühner tragen ihre relativ langen, hübsch gerundeten Flügel ziemlich tief und nach hinten, der aufrechte, große Schwanz ist weit ausgebreitet und wird hoch getragen. Bei den Hähnen sind die gebogenen Sicheln gut ausgebildet.

Die Hühner stehen auf recht kurzen Beinen, die Läufe variieren je nach Farbschlag von Dunkel- bis Hell-schiefergrau.

Persönlichkeit

Diese Rasse hat man gerne um sich. Sie lässt sich gut anfassen und bindet sich mit etwas Training eng an den Menschen.

Eier

Viele Besitzer sind überrascht über die relativ hohe Zahl der Eier; eine Henne legt rund 165, allerdings ziemlich kleine Eier mit heller Schale pro Jahr.

Außerdem sind Holländische Zwerghennen gute Glucken.

Alltägliches/Fazit

Bei Holländischen Zwerghühnern treten selten Probleme auf. Sie können gut im Gehege gehalten werden, sind jedoch gute Flieger – eine solide Einzäunung ist unbedingt erforderlich. Die Hühner sind widerstandsfähig und scharren gerne im Freiland. Manche Hähne sind übermütig.

Für Hühnerhalter mit begrenztem Platzangebot stellen die Holländischen Zwerghühner mit Sicherheit eine gute Wahl dar.

Chabos

DEKORATIV • WINZIG • TAUBENARTIG • MANCHE FLIEGEN • GUTE MÜTTER

Charakteristik: echtes Zwerghuhn • **Gewicht:** Hahn 510-570 g, Henne 400-510 g • **Farbenschläge:** Birkengrau, Schwarz, Weiß mit schwarzem Schwanz, Blau, Gesperbert, Golden-duckwing, Getupft, Silver-duckwing, Silbergrau, Weiß und andere

Auch das Chabo, ein japanisches Zwerghuhn, gehört zu den echten Zwerghuhnrassen, hat also kein größeres Äquivalent. Anders als die meisten anderen Zwergformen sind Chabo, Booted Bantam, Bantam oder Sebright echte und faszinierende Rassen aus eigenem Ursprung.

Chabo-Hühnchen haben nicht nur eine beeindruckende Vielfalt von Farbvarianten zu bieten, sondern zeichnen sich auch durch die kürzesten Beine aller Rassehühner aus. In der Tat sind die Beine so kurz, dass sie häufig unsichtbar bleiben. Aus diesem Grund scheinen sich die Hühner mit einem merkwürdig watschelnden Gang zu bewegen.

Chabo, Hahn, weiß mit schwarzem Schwanz.

Die Rasse besitz drei völlig unterschiedliche Gefiedertypen, die das Aussehen der Hühner prägen: Die Formen
mit „glattem" Gefieder gleichen normalen Hühnern. Etwas ungewöhnlicher
sehen die „seidenfedrigen" Typen mit
weichen, fließenden Federn aus. Besonders auffällig sind die Chabos mit
„gelocktem" Gefieder. Bei ihnen sind
die einzelnen Federn in sich gebogen
und die Spitzen weisen zum Kopf des
Vogels hin.

Angeblich wurden die ersten Chabos
bereits im 7. Jahrhundert in Japan gezüchtet; sie tauchten erstmals in den
60er-Jahren des 19. Jahrhunderts in
Europa auf, wo sich der Typus bis in die
heutige Zeit kaum veränderte.

Chabo, Henne, weiß mit schwarzem Schwanz, gelockt.

Aussehen

Chabos sind winzig und vor allem die
Hähne sehen mit ihren aufrechten,
vollen Schwänzen und den leuchtend
roten, einfachen Kämmen etwas kopflastig aus. Alle Formen haben einen
kurzen Rücken und eine volle stolze
Brust. Betrachtet man sie von der Seite, geht bei den besten Exemplaren die
Basis des Halses fast übergangslos in
die Schwanzbasis über – im Idealfall
gleicht die Kurve einem kleinen U.

Die im Verhältnis zum Körper relativ
langen Flügel werden abgewinkelt getragen, sodass ihre Spitzen nahe dem
Hinterteil beinahe den Boden berühren. Der prachtvolle Schwanz reicht
höher als Kopf und Kamm. Er hat eindrucksvolle, schwertartige Sichelfedern und mehrere, weichere Neben-
sicheln an den Seiten.

Der Kopf wird von den großen Augen
(oft rot, manchmal orange) und dem
eindrucksvollen Kamm beherrscht, der
gleichmäßig gezackt sein sollte (mit
nicht mehr als fünf Spitzen). Die kurzen Läufe sind im Gelenk stark gewin-
kelt, ungefiedert und enden an jedem
Fuß mit vier, weit gespreizten Zehen.

Persönlichkeit

Wer grundsätzlich kleine Vögel mag,
wird auch die Chabos lieben. Es handelt
sich um freundliche, kleine Hühner;
nur die Hähne können zur Brutzeit
etwas aggressiver werden.

Eier

Die Rasse ist nicht gerade berühmt für
ihre Legequalitäten. Die winzig kleinen
Eier haben eine cremefarbene Schale.

Alltägliches/Fazit

Die Chabos sind auf die Pflege durch
einen aufmerksamen Halter angewiesen. Man sollte sich von ihrer winzigen
Größe nicht verführen lassen, das Gehege zu dicht zu bestocken – keine
Rasse mag das. Wegen der Federn und
der tiefen Körperhaltung müssen Stall
und Gehege peinlich sauber und trocken gehalten werden.

Chabos sind aktive Hühner, einige
fliegen sogar. Sie müssen also gut eingesperrt werden.

Die Hennen sind gute, aufmerksame
Mütter und prachtvolle Glucken. Wegen
der kurzen Beine kann die Befruchtung
zum Problem werden.

Zwerg-Cochin

GROSSE PERSÖNLICHKEITEN • IDEALES FAMILIENHUHN • VIELE FARBENSCHLÄGE

Charakteristik: echtes Zwerghuhn • **Gewicht:** Hahn 680 g, Henne 570 g • **Farbenschläge:** Gebändert, Schwarz, Blau, Gelb, Columbia, Gesperbert, Lavender, Getupft, Rebhuhnfarbig, Weiß

Englische Hühnerzüchter bezeichnen diese Rasse als „Pekin" (alter deutscher Name „Peking-Bantams"), weil die „Zwerg-Cochin" zwar gemeinsame Vorfahren, aber keine direkten Verbindungen mit den großen Cochin haben. Mit dieser etwas verwirrenden Namensgebung betonen sie immerhin deutlich, dass die Zwerg-Cochin keine Verzwergung der Großrasse darstellen.

Die ersten Vorfahren der heutigen Zwerg-Cochin brachten Mitglieder der britischen Armee 1860 aus Beijing nach Großbritannien. Es handelte sich um den gelben Farbenschlag. Schon damals gab es große Verwirrungen, denn die meisten der Cochin-ähnlichen Rassen aus China wurden unter dem Namen Shanghai gehandelt. Letztlich setzte sich aber die Bezeichnung Cochin für alle chinesischen Hühnerrassen dieses Typs durch.

Damit sollten die Probleme jedoch keineswegs beendet sein: Aus Amerika wurden größere und stärker gefiederte Zwerg-Cochin nach England importiert und schließlich – unter demselben Rassenamen – ähnliche Hühner vom europäischen Festland.

Was heute unter dem Standard Zwerg-Cochin vereinigt wird, hat kaum noch Ähnlichkeit mit den ersten Hühnern, die vor fast 150 Jahren aus China nach England kamen. Die ursprünglichen Hühner hielten sich aufrechter, waren härter gefiedert und gewöhnlich auch größer – der Unterschied zwischen alt und neu könnte kaum deutlicher sein.

Zwerg-Cochin, Hennen, columbia (links) und lavender gelockt (rechts).

Die modernen Zwerg-Cochin erfüllen eine doppelte Aufgabe. Es sind äußerst beliebte Zierhühner für den Garten, andererseits aber auch begehrte Ausstellungsstücke auf Hühnerschauen. Letztere brauchen große Erfahrung und Kenntnis auf Seiten der Züchter.

Aussehen

Auf den ersten Blick sehen die Zwerg-Cochin aus wie Federbälle auf Beinen. Ein gut ausgebildetes Huhn hat einen kurzen, breiten Körper, wobei der Kopf nur wenig höher ragt als der Schwanz. Im Gesamteindruck scheinen sie sich stets etwas nach vorne zu neigen.

Die kurzen, befiederten Läufe sind so gut wie unsichtbar. Den kleinen Kopf beherrscht ein einfacher Kamm mit deutlichen Zacken. Gesicht, Ohr- und Kehllappen sind glatt, wobei Ohr- und Kehllappen im Idealfall gleich lang sein sollten. Der Kopf sitzt auf einem kurzen Hals mit üppigem, weichem Behang, der bis auf Schultern und Sattel fällt. Zwerg-Cochin haben fast keine harten, geraden Federn, sie sind stets gebogen oder gekrümmt; nur die Federn auf den Beinen sind gewöhnlich etwas steifer.

Für ernsthafte Züchter ist die große Vielfalt der bereits bekannten und regelmäßig neu auftauchenden Farbenschläge eher ein Grund zur Sorge. Sie befürchten, dass skrupellose Züchter immer wieder neue Farbenkombinationen schaffen (das macht die Zwerg-Cochin für viele Hobbyhalter so attraktiv) und dadurch die klassischen, anerkannten Schläge einem zu großen Risiko

Zwerg-Cochin, Hennen, schwarz, lavender und gelb.

aussetzen. Auch in Deutschland gibt es eine lange Liste anerkannter Farbschläge.

Persönlichkeit

Die Zwerg-Cochin eignen sich wunderbar für den häuslichen Garten. Sie sind sanftmütig und dennoch frech; vor allem die Küken machen sehr viel Spaß.

Eier

Im Verhältnis zur Größe legen die Zwerg-Cochin eine ordentliche Menge mittelgroßer, getönter Eier.

Alltägliches/Fazit

Wer nach tollen Hühnchen sucht, die dekorativ, freundlich und große Persönlichkeiten sind, ist mit den Zwerg-Cochin bestens bedient. Dank ihrer geringen Größe finden sie auch in kleineren Gärten Platz, obwohl die Hähne gelegentlich streitsüchtig sein können. Wegen ihrer befiederten Füße brauchen sie unbedingt saubere, trockene Bedingungen.

Die Hennen sind großartige Mütter und glucken regelmäßig, daher eignen sich die Zwerg-Cochin ganz gut als „natürliche" Brutkästen.

Bantam

SCHÖNHEIT FÜR AUSSTELLUNGEN • LEGT SCHLECHT • FREUNDLICH • SCHWER ZU ZÜCHTEN

Charakteristik: echtes Zwerghuhn • **Gewicht:** Hahn 570–620 g, Henne 450–510 g • **Farbenschläge:** Schwarz, Blau gesäumt, Weiß

Hühnerrassen

Die echten Bantams sind Zwerghühner mit eigenem Ursprung; es gibt keine „großen" Pendants. Obwohl sie von vielen speziell für Ausstellungen gezüchtet werden, liegen die Details der Abstammung im Dunkeln. Immerhin gibt es mehrere Theorien. Eine sieht den Ursprung der Rasse im Fernen Osten (Java), andere halten sie eher für eine Miniaturversion der in den Niederlanden gezüchteten Hamburger. Wieder andere vermuten in den Bantams eine urenglische Züchtung, die schon seit Hunderten von Jahren in England gehalten wurde. Für die letzte These gibt es in der Tat Hinweise, denn die Rasse wird bereits in sehr alten Quellen (spätes 15. Jahrhundert) erwähnt. Letztlich gibt es aber für keine dieser Thesen einen echten Beweis.

Wo immer sie auch herstammen, überlebt hat die Rasse ausschließlich wegen ihres prachtvollen Aussehens – der wirtschaftliche Wert geht gegen Null.

Aussehen

Bantams werden als „kurz und kompakt" beschrieben. Es sind lebhafte, kleine Vögel mit hervortretender, wohl gerundeter Brust, einem kurzen Rücken und angewinkelten Flügeln, die fast bis zum Boden reichen (insbesondere bei den Hähnen) und die Schenkel bedecken.

Für eine Ausstellung kommt es vor allem auf den Kopf an: Der Schnabel ist kurz und der perlenbesetzte Rosenkamm läuft in einen geraden Dorn aus, der auf den Schwanz weist. Die runden, möglichst reinweißen Ohrscheiben sind bei den Hähnen viel größer als bei den Hennen. Auch die feinen, runden Kehllappen sind bei den Hennen kleiner als bei den Hähnen. Der kurze Hals ist schwungvoll gebogen und reich mit Federn besetzt. Sie können bis zum Ansatz des Schwanzes reichen. Die kurzen, federlosen Läufe sind dunkelgrau.

Persönlichkeit

Bantams sind in der Regel freundliche, kleine Hühner. Allerdings werden die Hähne in der Brutzeit aggressiv, wenn sie sich provoziert fühlen. Insgesamt handelt es sich aber um einnehmende Zwerghühner mit viel Persönlichkeit.

Eier

Die Legefähigkeit gehört nicht zu den Stärken der Rasse; immerhin legen sie im Sommer ganz gut.

Alltägliches/Fazit

Gewöhnlich sind Bantams fröhliche Hühner, die sich zur Not auch im Stall wohlfühlen. Da sie fliegen können, sollte ein Freilauf im Garten – sie scharren gerne – mit ausreichend hohen Zäunen gesichert werden, damit sie nicht entkommen.

Für unerfahrene Hühnerhalter ist die Zucht vermutlich zu schwierig. Vor allem die Unfruchtbarkeit kann ein Problem sein. Vielleicht zeigt sich hier die jahrelange Inzucht, um den Standard der Rasse zu halten.

Bantam, Hahn, schwarz.

Sebright

SIEHT FANTASTISCH AUS • FLUGFREUDIG • EMPFINDLICHE KÜKEN • BELIEBT AUF HÜHNERSCHAUEN

Charakteristik: echtes Zwerghuhn • **Gewicht:** Hahn 620 g, Henne 510 g • **Farbenschläge:** Gold gesäumt, Silber gesäumt

Hühnerrassen

Diese absolut überwältigenden Zwerghühner sind wegen ihrer wunderschönen Federsäume sowohl bei den Ausstellungszüchtern als auch den privaten Hühnerhaltern begehrt. Es ist fast unmöglich, sich nicht in die scharf ausgeprägten Markierungen dieser fröhlichen Hühnchen zu verlieben.

Das Sebright Zwerghuhn wurde vor etwa 200 Jahren von Sir John Sebright gezüchtet. Er hatte sich das klare Ziel gesetzt, ein Zwerghuhn mit gesäumten Federn zu züchten und gründete zu diesem Zweck 1810 sogar einen Club. Welche Ausgangsrassen er für seine Versuche verwendete, blieb ein Geheimnis, doch man glaubt heute, dass er sich Holländer Weißhauben, Nanking und Hamburgern bediente. Vermutlich kreuzte er sie in die damalige Form der Bantams ein.

Die Rasse zeichnet sich dadurch aus, dass die Hähne dieselbe Befiederung aufweisen wie die Hennen: Ihnen fehlen die großen gebogenen Schwanzsicheln, die für die Hähne der meisten anderen Rassen charakteristisch sind. Vermutlich ist das einer der Gründe für die schlechte Fruchtbarkeit. Inzwischen wählen einige Züchter gezielt Hähne mit Ansätzen von Sicheln für die Weiterzucht aus.

Sebright, Hahn, goldfarbig.

Im Laufe der Jahre hat sich die Farbe von Gesicht, Kehl- und Ohrlappen der Sebrights von einem tiefen Purpur in den üblicheren Rotton gewandelt („Maulbeerrot").

Aussehen

Trotz ihrer geringen Größe strotzen die Sebright vor Selbstbewusstsein. Es sind kompakte Hühner mit kurzen Rücken und hervortretender Brust. Ihre Flügel sind im Verhältnis zur Körpergröße relativ groß; sie werden tief getragen und weisen abgewinkelt auf den Boden. Gute Exemplare haben einen aufgefächerten, hoch getragenen Schwanz. Den Sebright-Hähnen fehlen nicht nur die Schwanzsicheln, sondern auch die typischen zugespitzten Behangfedern am Hals und Sattel, daher haben sie ein ordentliches, glattes Erscheinungsbild.

Am kleinen Kopf sitzt ein kurzer Schnabel; er ist beim goldenen Farbschlag dunkel-hornfarben, beim silbernen entweder dunkelblau oder hornfarben. Die Hähne tragen einen Rosenkamm mit kleinen Spitzen; er läuft nach hinten schmal zu und endet in einem leicht nach oben gerichteten Dorn.

Beim goldenen Farbschlag wird die goldgelbe Grundfarbe durch scharfe, schwarze Säume gezeichnet, die im Licht deutlich grünlich schimmern. Der silberne Farbschlag ist genauso gezeichnet, allerdings auf silberweißer Grundfarbe. Bei beiden Formen sollten die Läufe schiefergrau aussehen.

Silberne Sebright scharren im Stroh.

Persönlichkeit

Sebright sind fröhliche, neugierige Hühner, die man im Garten gerne um sich hat. Sie fügen sich auch in ein gemischtes Hühnervolk ein.

Eier

Wohl niemand würde die Sebright wegen ihrer Eier halten. Ihre Legefähigkeit kann schwanken: Manche Züchter berichten von einem guten Ertrag, andere nur von wenigen Eiern. Die Eier sind klein und haben helle Schalen.

Alltägliches/Fazit

Da die Sebright fliegen, müssen sie in kleinen Gärten eingesperrt werden. Sie scharren gerne im Freiland, kommen zur Not aber auch mit begrenztem Platz zurecht.

Unerfahrene Hühnerhalter dürften Schwierigkeiten bei der Zucht bekommen, denn die Küken sind in den ersten paar Wochen sehr empfindlich; die Sterberate kann sehr hoch sein. Außerdem sind die Hennen nicht gerade als Glucken bekannt. Da die Marek'sche Hühnerlähmung zu einem Problem werden kann, lassen die meisten guten Züchter ihre Tiere impfen; Nachfrage vor dem Kauf zahlt sich also aus.

Andalusier

ATTRAKTIV UND EDEL • FLIEGT GERNE • LEGT ORDENTLICH • NICHT FÜR ANFÄNGER

Charakteristik: groß, leicht, selten • **Gewicht:** Hahn 3,2–3,6 kg, Henne 2,25–2,7 kg; Zwerg-Andalusier, Hahn 680–790 g, Henne 570–680 g • **Farbenschlag:** Blau gesäumt

Der Name bezieht sich auf die Provinz Andalusien in Spanien; die Rasse gilt als eine der ältesten des Mittelmeergebiets. Diese attraktiven Hühner sollen in England gezüchtet worden sein. Ausgangspunkt waren schwarz-weiße Zuchthühner, die Mitte der 40er-Jahre des 19. Jahrhunderts aus Spanien nach England kamen. Die ersten Zuchtversuche mündeten in kämpferartige Vögel, die bei Weitem nicht so attraktiv aussahen wie die heutige Form. Erst nach sorgfältiger Weiterzucht entstand die heutige Rasse mit ihrer ansprechenden, blaugrauen Farbe und den schwarzen Federsäumen. Manchmal wird die Rasse auch Blauer Andalusier genannt.

Aussehen

Ein guter Andalusier ist ein attraktiver, Vogel, der sich durch stattliche, aufrechte Haltung auszeichnet. Andalusier stehen auf langen, schwarzen oder dunkel-schiefergrauen Läufen. Die Hähne haben einen schönen, leuchtend roten, tief eingeschnittenen Kamm, der stolz und aufrecht getragen wird. Der kleinere Kamm der Hennen kann zur Seite fallen. Gesicht und Kehllappen sind rot, die Ohrscheiben weiß.

Persönlichkeit

Zu seinem Charakter gehört die Neigung zu fliegen, sie scharren leidenschaftlich gern im Freiland und freuen sich über viel Platz. Wenn sie die Gelegenheit bekommen, flattern sie herum. Andalusier lassen sich nicht besonders gerne anfassen.

Eier

Andalusier legen ganz ordentlich, häufig sogar während der Wintermonate. Es sind große Eier mit kalkweißer Schale. Eine optimal gepflegte Henne bringt es im Jahr auf bis zu 160 Eier.

Alltägliches/Fazit

Andalusier sind wahrlich keine Hühner für Einsteiger. Wegen ihres attraktiven Äußeren sind sie sehr begehrt bei Hühnerhaltern, die für Ausstellungen züchten – den Standard zu erreichen, ist eine sehr anspruchsvolle Aufgabe. Unerfahrene Hühnerhalter bekommen möglicherweise Probleme. Außerdem ist die Rasse als laut bekannt, was sicher nicht jeder Nachbar zu schätzen weiß. Schließlich sind Andalusier Hühner, die sich nur bei reichlichem Platzangebot wirklich wohl fühlen. Sobald sie sich beengt fühlen, machen sie

Schwierigkeiten, bis hin zu Kämpfen. Da die Hennen keine guten Glucken sind, ist die natürliche Zucht sehr schwierig. Selbst Experten bekommen bei ihren Zuchtversuchen nur etwa 50 % blaue Küken, der Rest ist schwarz oder hat weiße Flecken.

Die erfolgreiche Zucht ist nur mit Hilfe eines Brutschranks möglich; dann entwickeln sich die Küken recht schnell. Man sollte noch anmerken, dass sich die Federn bei Andalusiern, die sich lange in der intensiven Sonne aufhalten, rostig-grau verfärben – sie bleiben also am besten im leichten Schatten.

Andalusier, Hahn.

Asil

STOLZ UND AUFRECHT • HARTE FEDER • KÄMPFER ALS VORFAHREN • NICHT FÜR ANFÄNGER

Charakteristik: groß, harte Feder, selten • **Gewicht:** Hahn 1,8–2,7 kg, Henne 1,36–2,25 kg • **Farbenschläge:** Schwarz, Dunkelrot, Duckwing, Grau, Hellrot, Pyle, Gescheckt, Weiß

Asil sind in Europa und Amerika nur selten zu finden. Es handelt sich um eine alte Rasse, vielleicht sogar die älteste bekannte Kämpfer-Rasse, die in Indien speziell für die Hahnenkämpfe gezüchtet wurde. Der Name geht auf das Arabische zurück und bedeutet „langer Stammbaum". Da das Alter der Rasse auf mindestens 2000 Jahre geschätzt wird, ist er angemessen.

Oben Ausgewachsener Asil, Hahn, rot.

Rechts Junger Asil, Hahn, rot.

Anders als im alten Europa kämpften die Asil ohne einen eisernen Sporn. Die Züchter legten stattdessen Wert auf große Kraft und ließen ihre Hähne in Kämpfen gegeneinander antreten, die manchmal mehrere Tage dauerten. Es entstand eine extrem mit Muskeln bepackte Rasse mit kräftigem Schnabel, dickem Hals und gut entwickelten Schenkeln und Läufen. Dieses Aussehen muss man natürlich mögen; außerdem sind Asil nicht gerade einfache Partner.

Aussehen

Wie alle Kämpfer zeichnen sich auch die Asil durch eine stolze, aufrechte Haltung aus, sie sind aktiv und bewegen sich schnell. Betrachtet man ein gutes Exemplar in aufrechter Haltung von der Seite, könnte man eine imaginäre Linie vom Auge bis zum mittleren Zehennagel ziehen.

Das Gesicht ist mit einer dicken, ledrigen, roten Haut bedeckt. Sie können die Augen schließen. Asil haben keine Kehllappen und einen kurzen Erbsenkamm. Das kurze Federkleid fühlt sich hart an; unter den Deckfedern ist kein Flaum ausgebildet; vorne am Hals, auf der Brust und den Schenkeln kann die nackte Haut durchscheinen.

Obwohl die Farben sehr variabel ausfallen, bekommt man hauptsächlich die hell- und dunkelrote Form zu sehen.

Persönlichkeit

Der Charakter der Asil lässt sich am besten mit „kampflustig" beschreiben. Die vielen hundert Jahre Zucht in Hinblick auf Hahnenkämpfe haben eine Rasse geschaffen, die notwendigerweise aggressiv reagiert; das gilt auch für die Hennen. Werden sie allerdings isoliert gehalten, werden auch Asil sanfter und lassen sich anfassen.

Eier

Die Hennen dieser Rasse legen nicht besonders gut. Die Eier sind klein und entweder weiß oder hell getönt.

Alltägliches/Fazit

Der Asil ist eine spezialisierte Rarität und für Anfänger absolut ungeeignet. Tatsächlich fühlt er sich, im Unterschied zu anderen Kämpfer-Rassen, im Stall durchaus wohl, geht aber sehr gerne zum Scharren ins Freiland. Seine Kraft macht ihn sehr widerstandsfähig, er hält viel aus und verträgt Kälte und Hitze. Die Hennen sind gute Mütter, die ihre Küken beschützen.

Englische Campiner

FLUGFREUDIG • AUFFÄLLIG • LEGEFREUDIG • WEISSE EIER • ATTRAKTIV

Charakteristik: groß, leicht, selten • **Gewicht:** Hahn 2,7 kg, Henne 2,25 kg; Zwerg-Brakel, Hahn 680 g, Henne 570 g •
Farbschläge: Goldfarbig, Silberfarbig

Die Campiner Hühner sind eine sehr alte europäische Rasse, die in der Nähe von Antwerpen in Belgien gezüchtet wurden. Sie haben dieselben Vorfahren wie die Brakel des europäischen Festlandes. Das damalige Zuchtziel war eine gute Legehenne und heraus kam eine Rasse, bei der Hahn und Henne interessanterweise dasselbe Gefieder tragen („Hennenfiedrigkeit"). Daher besitzen die Hähne weder Sichelfedern im

Bei dieser jungen Campiner Henne fallen die großen, hervortretenden Augen auf.

Schwanz noch die zugespitzten Federn des Halsbehangs und Sattels. Wegen dieser fehlenden Unterschiede spielte die Rasse eine gewisse Rolle bei der Erforschung früher Geschlechtsbestimmung anhand der Federfarbe von Küken. Die Forschungen in Cambridge resultierten in der Zucht einer neuen Rasse, dem Cambar.

Aussehen
Englische Campiner sind attraktive, hübsche Hühner mit einer kompakten und eleganten Körperform. Die dunklen Augen stehen etwas hervor, bei den Hennen fällt der Kamm zu einer Seite. Gesicht und Kehllappen sind leuchtend rot, die Ohrscheiben weiß. Die Halsfedern des silbernen Farbschlages sind rein weiß und bilden eine Art Umhang. Der übrige Körper ist weiß und jede Feder mit käfergrünen Querbändern gezeichnet. Beim goldenen Farbschlag sind die Halsfedern satt golden gefärbt. Beide Formen haben relativ lange, dunkelblaue Läufe.

Persönlichkeit
Campiner sind gewöhnlich lebhaft und aufmerksam, obwohl das Temperament

einzelner Hühner sehr individuell ausfallen kann. Es gibt freundliche Tiere, die die Nähe des Menschen zulassen, andere können sehr zurückhaltend sein. Sie haben einen starken Charakter und sind sehr freundlich. Manche kommen sogar grüßend herbei, wenn man sich dem Gehege nähert.

Eier
Da sie ursprünglich als Legehennen gezüchtet wurden, darf man von ihnen eine ordentliche Menge mittelgroßer, weißschaliger Eier erwarten.

Alltägliches/Fazit
Da Englische Campiner gerne fliegen, brauchen sie ein abgesichertes Gehege. Die Hennen sind keine guten Glucken. Die Rasse ist ziemlich widerstandsfähig, Schwierigkeiten bereitet nur der große Kamm, der bei sehr kaltem Wetter erfrieren kann.

Die Rasse ist sehr rasch befiedert, danach dauert es seine Zeit, bis sie völlig ausgewachsen ist. Campiner sind gute Futterverwerter und scharren gern im Freiland. Wenn es nicht anders geht, finden sie sich aber auch mit dem Stall ab.

Rechts Englischer Campiner, Hahn, silberfarbig.

Houdan

UNGEWÖHNLICHES AUSSEHEN • SANFT • LÄSST SICH GERN ANFASSEN •

VORFAHREN WAREN NUTZHÜHNER

Charakteristik: groß, schwer, selten • **Gewicht:** Hahn 3,2–3,6 kg, Henne 2,7–3,2 kg; Zwerg-Houdan, Hahn 680–790 g, Henne 620–740 g • **Farbschlag:** Gescheckt

Houdans sind eine interessante Rasse, die im ländlichen Houdan, östlich von Paris, gezüchtet wurde. An den auffallenden Eigenschaften, wie der eindrucksvollen Haube und den fünf Zehen kann man noch die Vorfahren ablesen: Holländer Weißhauben und Dorking (Zehen). Es ist als große und Zwergversion erhältlich, gehört aber zu den seltenen Rassen.

Aussehen

Houdans sind besonders auffällige Hühner. Die schwarz-weiße Zeichnung ist gleichmäßig über fast den ganzen Körper verteilt. Der Körper ist lang und tief, der Kopf ziemlich groß. Er trägt eine imposante Haube aus nach hinten weisenden, gesäumten Federn, die den Schmetterlingskamm freigeben. Das Gesicht wird weitgehend von einem Bart verdeckt, Kehl- und Ohrlappen sind klein.
Die Hühner stehen auf kurzen, kräftigen und federlosen Läufen von heller Grundfarbe mit graublauen Tupfen.

Persönlichkeit

Die Hühner sind ziemlich aktiv, gleichzeitig aber auch sanft und problemlos im Umgang.

Eier

Houdans sind nicht gerade tolle Legehennen. Ihre weißen Eier sind eher klein, doch man darf pro Henne und Jahr 140–160 Eier erwarten.

Alltägliches/Fazit

Wer seine Hühner durch natürliche Zucht auffrischen möchte, ist mit Houdans schlecht beraten. Außerdem verlangt die Rasse nach kontinuierlicher Pflege, denn bei schlechtem oder feuchtem Wetter leiden die Federn der Haube. Dafür kommen Houdans ziemlich gut im Stall zurecht, reifen schnell heran und sind gute Futterverwerter. Alles in allem sind es aber keine Hühner für den Anfänger.

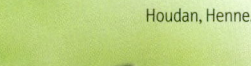

Houdan, Henne.

Ixworth

SEHR SELTEN • ATTRAKTIV UND ORDENTLICH • BRAUCHT PLATZ • AKTIV

Charakteristik: groß, schwer, selten · **Gewicht:** Hahn 4,1 kg, Henne 3,2 kg; Ixworth-Bantam Hahn 1,02 kg, Henne 790 g ·
Farbschlag: Weiß

Das Ixworth bekommt man heute leider kaum noch zu sehen. Dabei handelt
es sich um eine britische Traditionsrasse, die aber aus der Mode kam und
in den 70er-Jahren des 20. Jhs. beinahe ausgestorben wäre. Zum Glück
kümmerten sich einige Züchter hin-
gebungsvoll um die verbliebenen Tiere
und konnten die Situation etwas ent-
schärfen.

Ixworth sind Zwiehühner, die in den
30er-Jahren des 20. Jhs. von Reginald
Appleyard gezüchtet und nach seinem
Geburtsort in Suffolk benannt wurden.
Er suchte nach einer Rasse von hoher
Qualität, die schnell zum Tafelhuhn
heranreifte, aber auch ordentlich Eier
legte – das Ergebnis entsprach seinen
Erwartungen.

Aussehen

Das Ixworth ist ein rein weißes **Huhn**
von attraktivem Aussehen. Erbsenkamm, Gesicht, Ohr- und Kehllappen
sind leuchtend rot, Schnabel und Läufe
hell gefärbt.

Der Körper ist kompakt, wenn auch
etwas lang gestreckt, was am leichten
Schwung des abwärts gerichteten
Schwanzes liegt. Der breite Kopf wird
auf einem aufrechten Hals getragen,
den ein schöner Behang ziert.

Persönlichkeit

Es sind aktive Hühner, die sich am
wohlsten fühlen, wenn ihnen viel Platz
zur Verfügung steht.

Eier

Eine gesunde Ixworth Henne legt pro
Jahr 150 mittelgroße Eier mit hellbrauner Schale.

Alltägliches/Fazit

Ixworth sind an ein freies Leben angepasst, sie brauchen Raum und scharren
gerne im Freiland. Sie sind robust, machen also kaum Schwierigkeiten. Wegen
ihrer Seltenheit sollten Sie beim Kauf
auf der Hut sein. Nicht, dass man Ihnen
eine helle Imitation einer anderen Rasse anbietet.

Ixworth, Hahn.

Hühnerrassen

Jersey Giants

GROSS • REIFEN LANGSAM HERAN • LEGEFREUDIG • ZIEMLICH SANFT

Charakteristik: groß, schwer, selten • **Gewicht:** Hahn 5,9 kg, Henne 4,55 kg; Zwerg-Jersey Giant, Hahn 1,7 kg, Henne 1,13 kg •
Farbschläge: Schwarz, Blau gesäumt, Weiß

Der Name übertreibt keineswegs, denn die Jersey Giants sind echte Giganten unter den Hühnern. Sie wachsen zu den schwersten bekannten Hühnern heran – Hähne bringen es auf 5,9 kg und selbst die Hennen erreichen noch 4,5 kg.

Die Rasse wurde gegen Ende des 19. Jhs. in New Jersey (USA) als Zwiehuhn gezüchtet, das Fleisch und Eier lieferte. Im Verlauf des Züchtungsprozesses wurden wahrscheinlich dunkle Brahma, schwarze Java, schwarze Langshan und Indische Kämpfer eingekreuzt, bis schließlich die Jersey Giants entstanden.

Die Rasse wurde nie ein wirklicher kommerzieller Erfolg, vermutlich, weil die Hühner nur sehr langsam heranreifen. Ein Küken braucht etwa sechs Monate, ehe es das nötige Schlachtgewicht erreicht – zu langsam für die industrielle Produktion. Hinzu kam noch, dass sich auf dem amerikanischen Markt schwarz befiederte Hühner mit dunklen Läufen nicht durchsetzen lassen. Möglicherweise gibt es aber auch andere Gründe für diesen kommerziellen Fehlschlag.

Aussehen

Trotz der mächtigen Größe sind die Jersey Giants lebhafte und wohl proportionierte Hühner. Sie haben eine breite Brust, einen langen und fast waagerechten Rücken und einen vollen, schön ausgebreiteten Schwanz, der im Winkel von 45° getragen wird.

Die schwarzen Jersey Giants haben ein üppiges, schwarzes Gefieder mit grünem Käferglanz, einen kurzen, meist dunklen Schnabel, dunkle Augen und dunkle Läufe, die mit dem Alter heller werden. Gesicht, Kamm, Kehl- und Ohrlappen sind leuchtend rot gefärbt. Interessanterweise ist die Unterseite der Zehen gelb.

Der weiße Farbschlag ist rein weiß; Läufe und Schnabel sind hell-weidengrün (die Unterseite der Füße ist ebenfalls gelb). Beim blauen Farbschlag sind die Federn leicht gesäumt.

Persönlichkeit

Wie viele der großen Rassen sind auch die Jersey Giants ruhige und sanfte Hühner. Sie sind problemlos im Umgang und fügen sich gut in eine häusliche Umgebung ein.

Eier

Die Hennen legen gut, pro Jahr etwa 180 mittelgroße Eier mit brauner Schale.

Alltägliches/Fazit

Diese großen, zerzausten Hühner brauchen ihre Zeit, bis sie ausgewachsen sind. Wer sie für die Tafel hält, kann sie erst nach rund sechs Monaten schlachten.

Die Hennen sind gute Mütter, obwohl sie wegen ihrer Größe und des Gewichtes schon einmal Eier zerbrechen. Diese Größe muss selbstverständlich auch bei der Planung von Stall und Gehege berücksichtigt werden. Sie scharren im Freiland, wenn auch nicht immer mit Begeisterung, sind robust und vertragen Kälte.

Dem Halter haben diese Giganten einiges zu bieten; auf jeden Fall verdient diese Rasse mehr Aufmerksamkeit.

Schwarze Jersey Giants
(im Vordergrund eine Henne).

Lakenfelder

SELTEN • ERREGBAR • EINZIGARTIGE FÄRBUNG • NICHT FÜR ANFÄNGER

Charakteristik: groß, leicht, selten • **Gewicht:** Hahn 2,25–2,7 kg, Henne 2 kg; Zwerg-Lakenfelder, Hahn 680 g, Henne 510 g • **Farbschlag:** Schwarz und Weiß

Hühnerrassen

Die Lakenfelder sind eine interessante, aber seltene Rasse. Es wird viel darüber diskutiert, woher und von welchen Vorfahren sie abstammen, doch die meisten Spezialisten sind sich zumindest einig, dass es eine alte und gut etablierte Rasse ist.

Sowohl die Deutschen als auch die Niederländer beanspruchen die Züchtung der Lakenfelder für sich. Eine Möglichkeit wäre, dass sie Mitte des 19. Jhs. in Westfalen herangezüchtet wurden. Andererseits ist die typische, schwarzweiße Gefiederzeichnung charakteristisch für die holländische Stadt Lakervelt im Südosten des Landes.

Der Name könnte aus „Feld aus Leinen" oder „Schatten auf dem Laken" gebildet worden sein – beides bezieht sich auf die charakteristische Federzeichnung. Es gibt allerdings auch eine Rinderrasse (holländische Lakenvelder), die ähnlich schwarz-weiß gemustert ist. Diese Ableitungen führen aber nicht weiter, denn weiße Binden um den Bauch findet man auch bei Ziegen oder sogar Meerschweinchen.

Außerhalb des europäischen Festlandes konnten sich die Lakenfelder leider niemals richtig durchsetzen, obwohl die Rasse ihrem Halter eine ganze Menge zu bieten hat.

Aussehen

Die Vögel zeichnen sich durch eine stolze Haltung aus; sie haben einen langen Körper mit hervortretender Brust, tragen ihre Flügel ordentlich und haben einen einfachen, gleichmäßig gesägten Kamm. Ihr Schnabel hat eine dunkle Hornfarbe, die Augen sind rot oder braun und die kleinen Ohrscheiben weiß. Gesicht und Kehllappen sind leuchtend rot gefärbt.

Den durchschnittlich langen Hals zieren zahlreiche lange Federn; der gesamte Behang sollte wie der Schwanz einheitlich schwarz ausfallen. Die federlosen Läufe stehen in breitem Abstand, sie sind schieferblau gefärbt. Der übrige Körper sollte möglichst einheitlich weiß aussehen, bei Hähnen kommen auch Sattelfedern mit schwarzen Spitzen vor.

Persönlichkeit

Wie viele andere der leichteren Rassen flattern auch die Lakenfelder gerne herum und haben einen leicht erregbaren Charakter.

Menschlichen Kontakt können sie nicht besonders gut leiden, daher ist die Rasse nicht besonders gut für Familien geeignet.

Eier

Die Hennen legen ziemlich gut. Allerdings darf sich der Besitzer nur auf rund 160 eher kleine Eier mit weißlichen Schalen pro Jahr freuen.

Alltägliches/Fazit

Obwohl die Lakenfelder auch auf engerem Raum leben können, sind sie aktiv und leicht erregbar und neigen dann zum Flattern – das Gehege muss deshalb sicher genug sein, um die Flucht zu verhindern.

Die Hennen glucken nicht besonders gut. Insgesamt ist die Rasse doch recht widerstandsfähig und scharrt bei Gelegenheit auch gerne.

Lakenfelder, Hahn

Malaien

SEHEN BEDROHLICH AUS • VERTRÄGLICH MIT MENSCHEN • SEHR GROSS • BRAUCHEN PLATZ

Charakteristik: groß, harte Feder, selten • **Gewicht:** Hahn 5 kg, Henne 4,1 kg; Zwerg-Malaien, Hahn 1,19–1,36 kg, Henne 1,02–1,13 kg • **Farbschläge:** Schwarz, Schwarz-rot, Pyle, Porzellanfarbig, Weiß

Angeblich stammt die Rasse aus Ostindien, wird aber in Großbritannien seit Anfang des 19. Jhs. gehalten. Sie wurde in zahlreiche neuere Züchtungen eingekreuzt. Die Malaien waren bereits auf der ersten Geflügelschau Großbritanniens präsent (1845) und wurden 20 Jahre später in dem weißen und schwarz-roten Farbschlag als Standard zugelassen.

Wegen der langen Beine, dem Hals und der aufrechten Haltung erreichen die größten Exemplare fast 1 m Höhe. Mit Ausnahme der enormen Größe ist diese Rasse nicht gerade eine Schönheit. Die knappe Befiederung und das grimmige Gesicht (hervortretende Augenbrauen über tief sitzenden, hellen Augen) verleihen der Rasse ein wildes, drohendes Aussehen – nicht jedermanns Geschmack. Die Malaien sind eine jener Rassen, die man entweder liebt oder hasst, gleichgültig ihnen gegenüber ist vermutlich niemand.

Aussehen

Das charakteristische Aussehen wird vor allem durch den breiten Kopf, einen langen, dicken Hals, muskulöse Schenkel, die sich deutlich vom Körper absetzen und einen kurzen, leicht hängenden Schwanz bestimmt. Von der Seite

betrachtet, zeigt sich ein gutes Exemplar in einer Abfolge von Bögen: Über den Hals, den Rücken und dann am Schwanz entlang nach unten.

Auf dem Kopf des Huhns sitzt ein kleiner Wulstkamm, der an eine Walnuss erinnert. Kamm, Gesicht, die kleinen Kehllappen und die Ohrlappen sind leuchtend rot gefärbt.

Die genannten Farbschläge stellen nur eine Auswahl dar, denn viele Züchter erzielen andere Farben. In der Bewertung von Malaien auf einer Geflügelschau spielt die Farbe in der Tat eine eher untergeordnete Rolle. Die Preisrichter legen vielmehr großen Wert auf das allgemeine Erscheinungsbild und die Haltung des Huhns. Sie interessieren sich auch für Kopf, Läufe und Befiederung.

Persönlichkeit

Im Unterschied zum abschreckenden Äußeren sind die Malaien relativ ruhige Hühner, insbesondere, wenn man sie mit den anderen Kämpfern vergleicht. Das Äußere trügt also etwas.

Eier

Malaienhennen legen nicht besonders gut. Die mittelgroßen Eier sind hellbraun gefärbt.

Alltägliches/Fazit

Malaien passen nicht in ein enges Gehege. Diese Rasse braucht Auslauf, damit sie sich richtig wohl fühlt – also sind nur sehr große Gärten geeignet. Sie reifen langsam heran, sind aber widerstandsfähig. Da die Hennen gute Glucken abgeben, darf man eine natürliche Nachzucht in Erwägung ziehen.

Oben Junge Malaien, Henne, gold-weizenfarbig.
Rechts Malaien, Hahn, rot-schwarz.

Marsh Daisy

WIDERSTANDSFÄHIG • REIFEN LANGSAM HERAN • GETÖNTE EIER • RUHIGE NATUR

Charakteristik: groß, leicht, selten · **Gewicht:** Hahn 2,5–2,95 kg, Henne 2–2,5 kg · **Farbenschläge:** Schwarz, Braun, Gelb, Weizenfarbig, Weiß

Die Marsh Daisy ist eine seltene, aber sehr empfehlenswerte Rasse – sofern man einen Züchter auftreibt. Sie entstand in England nach einer komplizierten Serie von Einkreuzungen, die sich ab den 80er-Jahren des 19. Jahrhunderts über einen Zeitraum von 35 Jahren in Southport (Lancashire) hinzogen. Das Ganze begann mit einem Hahn der Altenglischen Kämpfer, der mit Malaien-Hennen gekreuzt wurde. Nach und nach reicherte man die Linie mit Hamburgern und Italienern und schließlich mit einer Reihe weiterer Rassen an.

Marsh Daisys; Hahn (rechts) und Hennen, braun.

Hühnerrassen

Zum Schluss kam noch Sicilian Buttercup (ein Sizilianer) dazu.

Da die Rasse sehr selten ist, bekommt man den schwarzen, gelben oder weißen Farbenschlag so gut wie nie. Übrig blieben Weizenfarbig und Braun; von dieser Rasse gibt es keine Zwergversion.

Aussehen

Bei den Marsh Daisys handelt es sich um attraktive Hühner von traditionellem Aussehen. Sie erreichen eine normale Größe, haben eine füllige Brust und eine breite Schulter. Der Kopf wird von einem eindrucksvollen Rosenkamm mit gleichmäßigen Zacken beherrscht. Er endet in einem nach hinten gerichteten Dorn. Der kurze, gekrümmte Schnabel ist hornfarben, die hervortretenden Augen, Gesicht und Kehllappen sind rot. Die Ohrscheiben sind häufig rot und weiß zusammengesetzt, fallen gewöhnlich aber eher rot aus.

Die Marsh Daisys haben einen ziemlich langen Hals mit attraktivem Behang; er fällt wie ein Umhang bis über die Schultern. Der Vogel steht auf mittellangen Beine, die Läufe sind federlos, weidengrün und enden in vier Zehen. In der braunen und weizenfarbigen Form bilden goldene, schwarze und braune Federn eine sehr ansprechende Kombination.

Persönlichkeit

In den Marsh Daisys vereinen sich ein aktiver mutiger, aber auch ruhiger Charakter. Bei Störungen neigen sie zum Flattern.

Beim Hahn ist der Halsbehang besonders intensiv gefärbt.

Eier

Die Hennen legen ordentlich; ihre Eier sind mittelgroß und haben weiße Schalen. Manche Züchter bemängeln allerdings, dass sie heute kleiner ausfallen als früher.

Alltägliches/Fazit

Die Hühner scharren gerne im Freiland und sind in der Regel widerstandsfähig. Sie kommen in engeren Gehegen zwar zurecht, fühlen sich mit mehr Platz allerdings wohler. Die Rasse reift langsam und ist ein guter Futterverwerter. Marsh Daisys vertragen schlechtes Wetter besser als die meisten anderen Rassen.

Wegen der Seltenheit kann es zum Problem werden, seine Bestände aufzufüllen; es gibt nur wenige Züchter, die diese Rasse züchten und oft weit verstreut wohnen.

New Hampshire

SCHLICHTE RASSE • ROBUST • GUTE MÜTTER • TOLL FÜR DEN GARTEN

Charakteristik: groß, schwer, selten • **Gewicht:** Hahn 3,85 kg, Henne 2,95 kg; Zwerg-New Hampshire, Hahn 960 g, Henne 740 g • **Farbenschlag:** Goldbraun

Hühnerrassen

Das New Hampshire wurde direkt aus dem Rhodeländer als Zwiehuhn gezüchtet. Vermutlich wollten die Züchter aus New Hampshire ihre Kollegen aus Rhode Island nachahmen und eine Hühnerrasse mit dem Namen ihres Bundesstaates kreieren. Also machten sie sich gar nicht erst an die komplizierte Aufgabe einer völligen Neuzucht, sondern verbesserten und veränderten die Rhodeländer über einen Zeitraum von 30 Jahren.

Der Prozess ging langsam vonstatten; als Auswahlkriterium stand ausschließlich der praktische Nutzen im Mittelpunkt: Sie wollten ein Huhn, das rasch viel Fleisch bilden, andererseits aber auch große Eier legen sollte. Im Jahre 1935 wurde der Rassestandard in den USA anerkannt und damals gelangten auch die ersten Exemplare nach Großbritannien.

Obwohl die Rasse rekordverdächtig legt – in Amerika ist eine Henne belegt, die in 52 Wochen 332 Eier legte –, konnte sich die Rasse in Großbritannien nicht durchsetzen. Viele Jahre lang blieb sie im Schatten der gut eingeführten und beliebten Rhodeländer. Erst als in den 80er-Jahren des 20. Jahrhunderts die Zwergversion eingeführt wurde, nahm ihre Beliebtheit

unter den Hühnerhaltern zu. In der Tat hat die Rasse einiges zu bieten.

Aussehen

Obwohl die ersten amerikanischen Züchter die Rasse als „Hingucker" bezeichneten, gibt sie sich heute eher

schlicht, aber attraktiv. Die tiefe, gut gerundete Brust gibt der Rasse ein traditionelles Aussehen. Der Kopf ist oben etwas abgeflacht, er trägt einen stolzen, roten, einfachen Kamm mit fünf gut ausgeprägten Zacken. Die hervortretenden Augen sitzen relativ hoch

New Hampshire, Henne.

im Kopf. Die Hühner haben ein glattes Gesicht, Kehl- und die oval geformten Ohrlappen sind mittelgroß. Der Kopf sitzt auf einem wohl proportionierten Hals mit fließendem Behang, die kräftigen, gelben Läufe stehen in weitem Abstand voneinander und die Füße enden mit vier Zehen.

Im Gefieder wechseln intensive Rot-, Braun- und Goldtöne ab. Die Hähne haben schwarze Schwanzfedern, auch einige der Schwungfedern sind schwarz gesäumt. Bei den Hennen enden die unteren Halsfedern mit schwarzen Spitzen, Schwung- und Schwanzfedern sind schwarz gesäumt.

Persönlichkeit

Diese amerikanische Rasse hat eine starke Persönlichkeit und fügt sich bestens in den Garten ein. Angeblich sollen einige Linien aggressiv sein, doch das kommt selten vor. Das New Hampshire ist ein freundliches, sanftes Huhn. Es belohnt seinen Halter mit einem freundlichen Charakter und scharrt gerne im Garten.

Eier

Leider legen die modernen Hennen nicht mehr so viele Eier wie in den 30er-Jahren. Eine gute Henne sollte seinen Halter aber mit rund 140 Eiern pro Jahr versorgen, was auch keine schlechte Leistung ist.

Alltägliches/Fazit

New Hampshire sind gut für den Garten geeignet. Solange das Gehege nicht übervölkert ist, haben sie nichts gegen ein Leben im Stall, scharren aber auch sehr gerne im Freiland, wenn sich die Gelegenheit bietet.

Die Rasse ist robust und widerstandsfähig, nur die Kämme sind frostempfindlich. Die Hennen sind gute Glucken und sorgende, aufmerksame Mütter.

Da sich diese große, schwere Rasse nicht besonders aktiv bewegt, sollte sie keinesfalls überfüttert werden.

163

New Hampshire, Hahn.

Norfolk Grey

UNGEWÖHNLICH • SANFT • FREUNDLICHER CHARAKTER • GUTE MÜTTER

Charakteristik: groß, schwer, selten • **Gewicht:** Hahn 3,2–3,6 kg, Henne 2,25–2,7 kg; Zwerg-Norfolk Grey, Hahn 910 g, Henne 680 g • **Farbenschläge:** Silberweiß und Schwarz

Diese Rasse wurde von Fred Myhill, einem Züchter aus Norwich gezüchtet. Er stellte sie 1920 auf einer Landwirtschaftsausstellung vor. Obwohl die Rasse als reines Nutzhuhn gezüchtet wurde, setzte es sich niemals durch und stand in den 70er-Jahren bereits kurz vor dem Aussterben.

Damals hatten nur vier Vögel überlebt, ein Hahn und drei Hennen. Zum Glück gelangten die Hühner in die Hände von hingebungsvollen Enthusiasten, der die Rasse unter vollem Einsatz rettete. Sie gilt zwar immer noch als selten, doch ihre Zukunft scheint zumindest gesichert zu sein.

Norfolk Grey, Hahn.

Aussehen

Norfolk Greys haben einen langen Körper mit breiten Schultern, einer vollen Brust und gut befiedertem Schwanz. Im Kopf sitzen große Augen; er wird von einem einfachen, gesägten Kamm geziert. Die Kehllappen sind groß, die Ohrlappen klein. Der Hals hat einen schönen Behang, die dunklen Läufe haben vier Zehen. Bei den Hähnen bestehen der Behang, Rücken und Sattel aus zahlreichen silberweißen Federn mit schwarzen Streifen; das übrige Gefieder ist schwarz. Hennen sind ähnlich gefiedert, ihre Brustfedern sind silbern gesäumt.

Persönlichkeit

Der Charakter der Norfolk Grey ist vorwiegend freundlich und sanft; sie entwickeln sich im Garten zu liebevollen Gefährten.

Eier

Die Hennen legen ordentlich, die Eier sind mittelgroß mit hellbrauner Schale.

Alltägliches/Fazit

Obwohl diese widerstandsfähige Rasse gerne scharrt, fühlt sie sich auch im Stall wohl. Die Hennen sind gute Glucken und Mütter.

Holländer, blau

IDEALES FAMILIENHUHN • SANFT • HENNEN LEGEN GROSSARTIG • NEIGT ZUR FETTLEIBIGKEIT

Charakteristik: groß, schwer, selten • **Gewicht:** Hahn 3,8–4,8 kg, Henne 3,2–4,1 kg; Zwerg-Holländer, Hahn 1,19 kg, Henne 1,02 kg • **Farbenschlag:** Blaugrau gesperbert

Diese niederländische Rasse ist ein gutes Zwiehuhn für jeden, der nach einem Huhn sucht, das ihn mit Eiern versorgt und lecker schmeckt.

Die blauen Holländer wurden um die Wende zum 20. Jahrhundert gezüchtet, um den steigenden Bedarf an Hühnereiern zu decken. Die Züchter kreuzten belgische Mechelner mit verschiedenen Rassen, beispielsweise mit Plymouth Rocks, Sussex, Orpingtons und Rhodeländern.

Aussehen

Die Rasse sieht mit ihrem durchgehend gesperberten Gefieder sehr attraktiv aus. Das Gefieder steht in schönem Kontrast zum roten Kamm, Gesicht, Ohr- und Kehllappen. Der Körper ist kompakt und ordentlich, die Vögel halten sich aufrecht. Der ausgebreitete Schwanz wird im Winkel von 45° getragen.

Ein kurzer Schnabel und orangerote Augen verleihen dem Gesicht einen kühnen Ausdruck. Der einfache, gesägte Kamm hat fünf bis sieben Zacken, Ohr- und Kehllappen sind mittelgroß. Die hellen Läufe sind weit gestellt und schwach befiedert (nach niederländischem Standard müssen sie ungefiedert sein).

Persönlichkeit

Die Rasse vereint ruhige, sanfte Natur und nützliche Fähigkeiten. Es sind wunderbare Familienhühner.

Eier

Eine junge, gesunde Henne legt pro Jahr etwa 180 Eier, manche bringen es sogar auf 240 Eier.

Alltägliches/Fazit

Die Holländer sind eine praktische Rasse für den Halter, der attraktive Hühner haben möchte, die zudem noch produktiv sind. Sie scharren gerne im Freiland und eignen sich bestens für den Freilauf. Im Gehege sollten Sie darauf achten, dass die Vögel nicht verfetten.

Hühnerrassen

Blauer Holländer, Hahn.

Orloff

AUS RUSSLAND • BÄRTIG • WIDERSTANDSFÄHIG • LEGEFREUDIG • SEHR SELTEN

Charakteristik: groß, schwer, selten • **Gewicht:** Hahn 3,6 kg, Henne 2,7 kg; Zwerg-Orloff, Hahn 1,13 kg, Henne 1,02 kg • **Farbenschläge:** Schwarz, Gesperbert, Rot, Rotbunt, Weiß

Die seltenen Orloff-Hühner sind in Großbritannien kaum zu bekommen. Sie kamen aus dem nördlichen Iran nach Russland, wo sie in den 80er-Jahren des 19. Jhs. nach dem Grafen Orloff Techesmensky benannt wurden. Von dort breiteten sie sich in die ganze Welt aus. In den 20er-Jahren des 20. Jahrhunderts gründete sich in Großbritannien der erste Züchter-Club, seit 1925 gibt es in Deutschland eine Zwerg-Version. In Amerika heißt die Rasse „Russen". Allerdings wird sie dort nicht mehr als Geflügelrasse anerkannt.

Ein Orloff mit vollem Federbart.

Die ersten Vögel erinnerten an Malaien, doch nach und nach wurden andere Rassen eingekreuzt, um die Nutzbarkeit zu erhöhen.

Aussehen

Die Orloffs sehen etwas merkwürdig, fast kopflastig aus. Der dicht befiederte Hals und der Federbart lassen den Kopf klein erscheinen; dazu trägt außerdem der kleine, an eine Walnuss erinnernde Wulstkamm bei. Die kleinen Ohr- und Kehllappen werden häufig vom Gefieder verdeckt. Die Augen sitzen tief unter schweren Brauen, was dem Gesicht ein düsteres Aussehen verleiht. Die Orloffs tragen ihren langen Körper schräg aufrecht. Er steht auf relativ kurzen Läufen mit vier gespreizten Zehen an jedem Fuß.

Der schwarze Farbenschlag ist einheitlich schwarz mit käfergrünem Glanz. Bei dem gesperberten Schlag sind die hellblauen oder grauen Federn dunkel gebändert. Die roten Hühner zeichnen sich durch eine Mischung aus Dunkelbraun, Orange und Schwarz aus und die Rotbunten haben einen mahagonifarbenen Halsbehang mit weißen Federspitzen; am übrigen Körper kommen schwarze und weiße Federn vor.

Der weiße Farbenschlag ist durchgängig weiß. Bei allen Formen sind Schnabel und Läufe gelb gefärbt.

Persönlichkeit

Die Rasse gilt als ruhig, aber nicht als sanftmütig. Sie lassen sich nicht besonders gerne anfassen.

Eier

Die Hennen legen ordentlich; die Eier sind klein und getönt. Eine gesunde Henne, die optimal gehalten wird, bringt es auf rund 150 Eier pro Jahr.

Alltägliches/Fazit

Die Rasse ist ansprechend und interessant, es ist allerdings nicht einfach, einen geeigneten Züchter zu finden. Wenn der Federbart nicht regelmäßig überprüft wird, können Schwierigkeiten auftreten. Die Hühner scharren gern im Freiland und sind widerstandsfähig. Sie finden sich damit ab, eingesperrt zu sein und leben friedlich mit anderen Rassen zusammen.

Orloff, Hahn, rotbunt.

Shamo

GROSS • NERVEND • TERRITORIAL • FREUNDLICH • GUTE MÜTTER

Charakteristik: groß, harte Feder, selten • **Gewicht:** Hahn 3,4 kg, Henne 2,5 kg • **Farbenschläge:** vielgestaltig

Shamo, Henne, weizenfarbig.

Die Shamo-Kämpfer sind eine Rasse für Spezialisten. Obwohl sie teuer in der Anschaffung sind, haben sie ihrem Besitzer einiges zu bieten. Leider können sie etwas nervtötend sein. Das liegt aber nicht an den Hühnern selbst, sondern an der Aufmerksamkeit, die sie erregen. Shamos wurden als Kampfhühner gezüchtet und werden von einigen Haltern noch immer zu diesem Zweck eingesetzt. Aus diesem Grund bringen es gute Exemplare auf hohe Schwarzmarktpreise – leider kommt es auch zu Diebstählen von privat oder auf Geflügelschauen.

Die Rasse stammt aus Thailand und kam im 17. Jahrhundert nach Japan, wo sie weiter gezüchtet wurde. Die Japaner züchteten eine kampfstarke Rasse, die wegen ihrer Wildheit und ihres Mutes berühmt war.

In Japan tritt die Rasse in zwei Formen auf: die großen O-Shamo und die kleineren Chu-Shamo. In Europa wird diese Unterscheidung nicht getroffen, sondern die beiden Formen werden unter der gemeinsamen Rasse Shamo vereinigt.

Die Shamos mit ihrem urtümlichen Aussehen, ihrer offensichtlichen Kraft und den kühnen, aufrechten Körpern polarisieren die meisten Betrachter – man mag sie oder man hasst sie.

Aussehen

Die Hähne erscheinen wild und dominant, selbst die Hennen sehen noch aggressiv aus. Auf den langen, kraftvollen Beinen mit gelben Läufen sitzt ein schlanker Körper mit ausgeprägter Muskulatur. Die Hähne halten sich beinahe senkrecht. Sie haben einen dicken, starken und leicht gekrümmten

Hühnerrassen

Hals. Der Kopf trägt einen breiten, hellen Schnabel, auffallend orangerote Augen und winzige Kehl- und Ohrlappen (können fast fehlen). Der leuchtend rote Erbsenkamm ist kompakt.

Eine sehr ungewöhnliche und auffällige Erscheinung der Rasse sind die nackten Hautstreifen entlang des Brustbeins, der Kehle und am Flügelansatz. Sie tragen zu dem bedrohlichen Eindruck bei, den diese Rasse beim Betrachter hinterlässt.

Persönlichkeit
Tatsächlich sind die Shamo ganz im Gegensatz zu ihrem aggressiven Erscheinungsbild relativ freundlich. Solange sie in geeigneter Umgebung gehalten werden, verhalten sie sich ziemlich gleichmütig.

Eier
Die Rasse wurde nicht gezüchtet, um regelmäßig Eier zu legen und kann selbstverständlich nicht mit den bekannten Legerassen mithalten. Die Eierschalen sind weiß bis getönt.

Alltägliches/Fazit
Die aggressive Einstellung der Shamo zeigt sich immer dann, wenn mehrere Hähne in einem Gehege oder wenn sie mit anderen Rassen zusammenleben. Es gibt Berichte, nach denen bereits die Küken um ihren Rang kämpfen. Daher braucht die Rasse viel Platz, damit die Tiere getrennt werden können; sie müssen vom Halter ständig überwacht werden. Schließen Sie zur Sicherheit eine Diebstahlversicherung ab.

Gegen die großen Hähne sehen die Junghennen zwergenhaft aus.

Sicilian Buttercup

UNGEWÖHNLICHER KAMM • LEGEFREUDIG • ERREGBAR • LÄSST SICH NICHT ANFASSEN

Charakteristik: groß, leicht, selten • **Gewicht:** Hahn 2,95 kg, Henne 2,5 kg; Zwerg-Sicilian Buttercup, Hahn 740 g, Henne 620 g • **Farbenschläge:** Goldfarbig, Silberfarbig

Die Sicilian Buttercups sind auffällige Hühner, vor allem wegen ihres sehr ungewöhnlich geformten Becherkammes. Der Vergleich mit einer Butterblume („buttercup") erscheint allerdings etwas weit hergeholt. Der Kamm gleicht einer Art Krone, er ist schalenförmig und der Rand läuft in einen Kranz aus Zähnen aus. Hennen bilden diese Form weniger ausgeprägt. Immerhin erschien den ersten Züchtern die Ähnlichkeit mit der bekannten Butterblume wohl groß genug, um sie in den Namen aufzunehmen. Der erste Teil des Namens deutet auf den Herkunftsort der Rasse – Sizilien. Eine andere Theorie vermutet die Herkunft eher in Tripolis im Libanon.

Wo immer die Rasse ursprünglich auch herstammt, die heutige Rasse beruht auf Kreuzungen zwischen italienischen Rassen, dem ägyptischen Fayoumi und dem französischen Houdan. Mitte der 30er-Jahre des 19. Jahrhunderts kamen die ersten Exemplare nach Amerika und 1912 wurde der erste Liebhaber-Club gegründet.

Etwa zur gleichen Zahl tauchten die ersten Hühner über Amerika auch in Großbritannien auf (eingeführt von Mrs. Colbeck aus Yorkshire). Am Anfang entwickelte sich alles gut; in den 60er-Jahren des 20. Jahrhunderts war die Rasse ziemlich beliebt. Dann nahm die Zahl der Hühner ab und heute gehören sie zu den extrem seltenen Rassen.

Aussehen

Die Hühner dieser Rasse sind aktiv und nervös. Sie haben einen langen, tiefen, an der Schulter breiten Körper; die langen Flügel werden eng eingefaltet.

Sicilian Buttercup, Henne, goldfarbig.

Der Schwanz wird im Winkel von 45° getragen, bei den Hähnen zeichnet er sich durch gebogene Sicheln und zahlreiche Deckfedern aus.

Der Kopf wird natürlich von dem großen, kronenartigen Becherkamm beherrscht. Die Vögel haben große, rotbraune Augen, mandelförmige, rot-weiße Ohrscheiben sowie dünne, runde, rote Kehllappen. Der Hals ist ziemlich lang und mit zahlreichen Behangfedern bedeckt, die bis über die Schultern fallen. Läufe und Zehen sollten federfrei und weidengrün gefärbt sein.

Persönlichkeit

Wie alle mediterranen Rassen hat auch die Sicilian Buttercup einen erregbaren, kantigen Charakter.

Eier

Die Sicilian Buttercups sind eine leichte Hühnerrasse; gesunde, gute Hennen legen pro Jahr 180 und mehr kleine Eier mit weißer Schale.

Alltägliches/Fazit

Die Rasse ist ein guter Futterverwerter, hat aber einen sehr erregbaren Charakter, der sich nicht gut mit menschlicher Nähe verträgt. Außerdem können sich Schwierigkeiten ergeben, wenn den Hühnern zu wenig Platz zur Verfügung steht. Wenn die Möglichkeit besteht, scharren Buttercups gern im Freiland, doch man sollte bedenken, dass ihre Kämme bei Frost erfrieren können. Die Hennen sind keine guten Glucken. Achten Sie unbe-

Sicilian Buttercup, Hahn, goldfarbig.

dingt darauf, die Fluchtmöglichkeiten durch hohe, sichere Zäune so gut wie möglich zu versperren.

Neulinge sollten nicht auf diese Rasse zurückgreifen. Sie sind einfach zu nervös im täglichen Umgang und man sollte schon sehr genau wissen, wie man sie behandeln muss.

Die Hühner versuchen ganz bewusst, den Kontakt zum Halter zu vermeiden – da sind Schwierigkeiten vorprogrammiert.

Vor allem Kinder wollen sich den Hühnern nähern und sie vielleicht auch anfassen – für Familien mit Kindern gehört diese Rasse sicher nicht auf die Wunschliste.

Spanier

ALTE RASSE • BRAUCHT PLATZ • FLUGFREUDIG • LAUT • WEISSE EIER

Charakteristik: groß, leicht, selten • **Gewicht:** Hahn 3,2 kg, Henne 2,7 kg; Zwerg-Spanier, Hahn 1,08 kg, Henne 910 g • **Farbenschlag:** Schwarz

Hühnerrassen

Der weißgesichtige Spanier führt die Liste der mediterranen Rassen an, zu der auch Ancona, Andalusier, Italiener und Minorka gehören. Sie sind alle als nicht-gluckende Rassen bekannt, d.h. sie brüten ihre Eier nicht oder nur sehr selten selbst aus. Dieses Verhalten widerspricht dem natürlichen Instinkt und ist die Folge von vielen Generationen domestizierter Tiere, die immer wieder selektiv gezüchtet wurden.

Aussehen
Spanier haben einen länglichen Körper, der zum Schwanz hin abfällt. Der Schwanz mit relativ geschlossenen Federn wird in flachem Winkel getragen. Der Kopf sitzt auf einem langen Hals mit dichtem Behang. Er wird von einem einfachen, gesägten Kamm gekrönt. Während die Hähne den Kamm aufrecht halten, fällt er bei den Hennen zur Seite. Das Gesicht und die glatten Ohrscheiben sind rein weiß gezeichnet. Die hängenden Kehllappen sind leuchtend rot und die Augen schwarz gefärbt. Das Huhn steht auf langen, dünnen, federlosen Läufen.

Das Gefieder sollte glänzend schwarz ausfallen und bei günstigem Licht käfergrün schimmern.

Persönlichkeit
Die Spanier sehen zwar sehr schön aus und legen ziemlich gut, sind aber leicht erregbar, laut und flattern gerne herum.

Spanier, Hahn.

Eier
Pro Jahr sollte eine Henne 180 große Eier mit weißer Schale legen.

Alltägliches/Fazit
Wer nach einer raffinierten, unabhängigen Rasse sucht, ist mit den Spaniern gut bedient. Die Hennen leben lange, die Hähne allerdings selten länger als zwei Jahre. Die Hähne gehören im Winter in den Stall, damit ihre langen Kämme und weißen Gesichter nicht erfrieren.

Sultanhühner

UNVERKENNBAR • PFLEGEAUFWAND HOCH • ZUCHT SCHWER • FREUNDLICH

Charakteristik: groß, leicht, selten • **Gewicht:** Hahn 2,7 kg, Henne 2 kg; Zwerg-Sultanhühner, Hahn 680–790 g, Henne 510–680 g • **Farbenschlag:** Weiß

Die Rasse stammt aus der Türkei, wo sie angeblich von den Sultanen von Konstantinopel im Palastgarten gehalten wurden. Miss Elizabeth Watts aus Hampstead (London) brachte 1854 einige Hühner mit nach Großbritannien. Dort blieb die Rasse allerdings bis heute eine seltene Erscheinung. Das ist schade, denn die Sultanhühner sehen nicht nur attraktiv aus, sondern haben auch einen angenehmen Charakter.

Aussehen
Die Körperform der aktiven Sultanhühner wird fast völlig von dem reichen Federschmuck verborgen. Sie haben eine tiefe Brust, einen kurzen, flachen Rücken, große Flügel und einen langen Schwanz. Der Kopf wird von der großen, kugeligen Haube und einem dichten Federbart beherrscht.

Der kleine Kamm der Hähne besteht aus zwei roten, V-förmig stehenden Spitzen; er wird fast völlig von der Haube abgedeckt. Beiderseits des Schnabels ziehen sich große Nasenlöcher nach oben. Der volle Federbart setzt unter einem roten Gesicht an.

Die Beine sind dicht befiedert. Die großen, steifen Federn entspringen am Schenkelgelenk und weisen wie Stulpen nach hinten und unten zum Boden.

Auch die hellen Läufe mit je fünf Zehen sind dicht befiedert. Es sieht fast aus, als würde es Schuhe tragen.

Persönlichkeit
Sultanhühner sind freundlich und lassen sich mit Pflege und etwas Aufwand in geeigneter Umgebung zähmen.

Eier
Laut alter Unterlagen legten die Hennen gut, doch die Legeleistung der modernen Vögel ist eher entmutigend. Die Eier haben eine weiße Schale.

Alltägliches/Fazit
Diese friedliche Rasse eignet sich bestens für eine Familie, obwohl das Federkleid ständig kontrolliert und gepflegt werden muss. Zum Schutz der Kopffedern sollte man einen schmalen Wasserspender verwenden; der Untergrund muss trocken sein, damit die Beinfedern nicht verschmutzen. Sultanhühner lassen sich nicht gut in gemischten Gruppen halten, denn sie werden von anderen, haubenlosen Rassen unterdrückt.

Sultanhuhn, Hahn.

Sumatra

SIEHT EXOTISCH AUS • VERTRÄGT SICH NICHT MIT ANDEREN RASSEN • KÄMPFER UNTER DEN VORFAHREN • BRAUCHT PLATZ

Charakteristik: groß, leicht, selten • **Gewicht:** Hahn 2,25–2,7 kg, Henne 1,8–2,25 kg; Zwerg-Sumatra, Hahn 740 g, Henne 620 g • **Farbenschläge:** Schwarz, Blau

Dieser elegante Vogel stammt von der Insel Sumatra (Indonesien) im Indischen Ozean in der Nähe von Malaysia. Hier wurde er vorwiegend zu Kampfzwecken gezüchtet (die Läufe tragen einen doppelten Sporn). Ende der 40er-Jahre des 19. Jahrhunderts gelangte die Rasse nach Amerika. Damals war sie unter verschiedenen Namen bekannt – unter anderem „Fasanen-Malaie" – und soll durch Kreuzung mit Indischen Kämpfern gezüchtet worden sein. Bis die ersten amerikanischen Exemplare in den britischen Hühnerschauen auftauchten (1902 von Frederic Eaton aus Norwich eingeführt), hörte man nichts mehr von dieser Rasse.

Nicht sehr beliebt

Trotz ihres äußerst attraktiven Aussehens fanden Sumatra Hühner niemals besonders viele Anhänger. Einer der Gründe könnte sein, dass zur Zeit der Einführung die Hahnenkämpfe in England bereits seit 50 Jahren verboten waren.

Der britische Rassestandard wurde 1906 für die Schwarzen Sumatra formuliert, in den späten 70er-Jahren des 20. Jahrhunderts kamen Zwergversionen dazu.

Aussehen

Sumatras haben etwas Edles, Fasanenhaftes an sich; die Hähne haben bemerkenswert lange Schwanzfedern.

Der Körper ist lang, fest und muskulös, die Flügel groß und kräftig, die Schultern breit. Die Hähne lassen ihre langen Schwanzfedern im vorderen Bereich nach unten hängen, die längsten Sicheln schleifen fast über den Boden. Im schmalen Kopf sitzen ein kräftiger, schwarzer Schnabel und große schwarze oder dunkelbraune Augen. Sumatras haben einen Erbsenkamm; er sollte, wie Gesicht und Ohrlappen, sehr dunkel, im Idealfall sogar schwarz ausfallen; Kehllappen fehlen. Den langen Hals ziert ein vor allem bei Hähnen gut ausgebildeter Behang. Die kräftigen Schenkel sind kurz und im Idealfall sehr dunkel bis schwarz. Die Farbe der Läufe ist entsprechend, die vier Zehen sind weit gespreizt.

Persönlichkeit

Dank ihrer Vergangenheit als Kampfhähne haben die Sumatras einen furchtlosen Charakter. Tatsächlich täuschen Erscheinungsbild und die gänzlich schwarze Befiederung darüber hinweg, dass die Rasse friedlich bleibt.

Eier

Eine Sumatrahenne legt pro Jahr rund 120 Eier mit hellen Schalen.

Alltägliches/Fazit

Sumatras sind widerstandsfähig; sie ertragen sowohl heiße wie kalte Temperaturen. Sie scharren gerne im Freiland und fühlen sich in der Enge eines Stalles nicht besonders wohl. Wenn man die Herkunft bedenkt, wird deutlich, dass sich die Rasse nicht besonders gut mit anderen verträgt. Die Hennen sind gute Glucken.

Sumatra, Hahn, schwarz.

Rumänische Nackthalshühner

SEHEN BIZARR AUS • ÜBERRASCHEND PRAKTISCH • FREUNDLICH • LEGEFREUDIG

Charakteristik: groß, schwer, selten • **Gewicht:** Hahn 3,2–3,6 kg, Henne 2,5–2,95 kg; Zwerg-Nackthalshühner, Hahn 900 g, Henne 800 g • **Farbschläge:** Blau, Gelb, Gesperbert, Rot, Weiß

Auf den ersten Blick erscheinen die rumänischen Nackthalshühner (Nackthalstümmler) ziemlich schockierend oder sogar alarmierend. Tatsächlich sind sich die meisten Betrachter darüber einig, dass die Rasse grauenhaft bis scheußlich aussieht. Hühner haben nun einmal durchgehend gefiedert zu sein und nicht wie ein Geier auszusehen. Der komplett nackte Hals wirkt dann wie ein Schock, vor allem, da er mit seiner leuchtend roten Farbe sogar an eine frisch geheilte Wunde erinnert.

Dennoch sieht diese Rasse genauso aus wie geplant. Was wie eine Laune der Natur erscheint, ist in Wirklichkeit ein robuster Überlebenskünstler. Die Rasse ist schon sehr alt und soll aus

Rumänischer Nackthals, Zwerghenne, weiß.

Hühnerrassen

Transsilvanien in Rumänien stammen. Die ersten Exemplare kamen 1874 über Österreich nach Großbritannien; viel ist allerdings nicht über ihre Entstehung bekannt. Immerhin wird die Geschichte kolportiert, dass sie eine Zeitung kurz nach dem Eintreffen der ersten Hühner als Kreuzung zwischen Huhn und Truthahn beschrieb.

Nackthälse sind widerstandsfähig und bessere Nutztiere als angenommen. Sie legen viele eindrucksvoll große Eier und eignen sich bestens als Tafelhühner.

Aussehen

Die Rasse zeichnet sich durch einen großen Körper und einen lebhaften, zielstrebigen Charakter aus. Die Flügel sind mittelgroß, die Brust breit und voll gerundet und der Schwanz wird meist in ziemlich flachem Winkel getragen. Auf dem Kopf sitzen ein einfacher, tief gesägter roter Kamm, große orangerote Augen und leuchtend rote Ohr- und Kehllappen. Der nackte Hals ist ähnlich leuchtend rot gefärbt; die Haut sollte glatt und faltenfrei sein. Bemerkenswert ist ein kleiner Federbüschel, der manchmal am Ansatz des Halses über der Brust sitzt.

Je nach der Gefiederfarbe variiert die Farbe der Läufe: Beim schwarzen und gesperberten Farbschlag sind sie gelb bis hornfarben, bei den weißen Hühnern gelb oder weiß gefärbt.

Persönlichkeit

Die Rasse lässt sich anfassen und ist freundlich. Es sind ruhige, friedliche

Rumänischer Nackthals, Hahn, schwarz.

Vögel mit sanftem Temperament, die sich leicht zähmen lassen; kurz, sie eignen sich bestens als Haushühner.

Eier

Die Hennen legen ordentlich; man darf pro Jahr etwa 150 und mehr hellbraune Eier erwarten.

Alltägliches/Fazit

Die Rasse hat unbestreitbare praktische Vorteile und empfiehlt sich damit für eine Haltung – wenn auch nicht unbedingt in ästhetischer Hinsicht. Daher werden Nackthalshühner in der kommerziellen Zucht von Tafelgeflügel regelmäßig eingesetzt. Sie sind gute Futterverwerter und scharren gerne im Freiland. Wenn nötig, finden sie sich auch damit ab eingesperrt zu sein. Die Hennen geben gute Mütter ab.

Vorwerkhühner

ANPASSUNGSFÄHIG • LEGEFREUDIG • ZWIEHUHN • SELTEN • ATTRAKTIV

Charakteristik: groß, leicht, selten • **Gewicht:** Hahn 2,5–3,2 kg, Henne 2–2,5 kg; Zwerg-Vorwerkhuhn, Hahn 900 g, Henne 680 g • **Farbschläge:** Gelb und Schwarz

Die Vorwerkhühner verdanken ihre Berühmtheit nicht zuletzt der Tatsache, dass sie sich den Namen mit einem Staubsauger „Made in Germany" teilen.

Die Rasse wurde von dem deutschen Geflügelzüchter Oskar Vorwerk in Hamburg gezüchtet. Er begann im Jahre 1900 mit der Zucht eines mittelgroßen Huhnes für kommerzielle Zwecke. Die neue Rasse sollte nicht nur gut legen, er plante auch eine Rasse mit ruhigem Temperament, die ein guter Futterverwerter war und sich einfach halten ließ. Tatsächlich war Vorwerk in allen Punkten erfolgreich.

Vermutlich ließ sich Vorwerk von den Lakenfeldern leiten, aus denen er eine dunkelgelbe Version mit einem ähnlichen Farbmuster herauszüchten wollte. Angeblich strebte er die dunklere Grundfarbe an, weil darauf der Schmutz nicht so gut zu sehen war.

In die Grundform des Lakenfelders kreuzte Vorwerk Orpingtons und Andalusier ein. Obwohl Vorwerks Rasse 1913 als Standard aufgenommen wurde, erreichte diese Rasse niemals die volle Akzeptanz der Züchter und Halter.

Heute leben Vorwerkhühner nur noch bei einigen Enthusiasten und Spezialisten, die das Erbe der Rasse bewahren möchten. In England leben nur noch so wenige dieser Hühner, dass sich die Besitzer nicht einmal in einem Club zusammengeschlossen haben. Immerhin hält die *Rare Poultry Society* ihren schützenden Schirm über die Vorwerkhühner.

Vorwerk, Henne.

Aussehen

In der Körperform der Vorwerkhühner äußert sich ihre Funktion: breiter, tiefer Körper, eine wohl gerundete, volle Brust und ein tief getragener Schwanz. Auf dem mittelgroßen Kopf sitzt ein einfacher Kamm von durchschnittlicher Größe mit sechs Zacken. Das rote Gesicht wird von winzigen Federchen bedeckt. Das Huhn hat lebhafte, orangerote Augen, mittelgroße Kehllappen und kleine, weiße Ohrscheiben.

Den Hals ziert ein voller Behang. Vorwerkhühner stehen auf schiefergrauen, federlosen Läufen mit vierfüßigen Zehen. Das Farbspektrum gleicht dem der Lakenfelder, allerdings ist hier die weiße durch eine goldene Grundfarbe ersetzt. Hals und Schwanz sollten völlig schwarz ausfallen und das Gefieder eng und straff anliegen.

Schwarze Flecken im Bereich der goldenen Federn werden negativ bewertet; allerdings ist die Zucht von ideal gefärbten Vögeln sehr schwierig.

Persönlichkeit

Diese Rasse eignet sich mit ihrem lebhaften und aktiven Charakter sehr gut für den privaten Hühnerhalter.

Eier

Eine gute Henne legt pro Jahr 170 cremefarbene oder getönte Eier.

Alltägliches/Fazit

Vorwerkhühner sind sehr anpassungs-

Vorwerkhühner sind gute Zwiehühner; solche Hähne geben gute Tafelhühner ab.

fähig; sie gedeihen unter allen möglichen Bedingungen, solange man sich um sie kümmert und sie umsorgt. Allerdings können sie fliegen, daher braucht man ein sicher abgeschlossenes Gehege. Sie sind mit wenig Futter von guter Qualität zufrieden; die Küken sind robust und wachsen schnell heran.

Wer sich Hühner für die Tafel züchten möchte, ist mit den Vorwerkhühnern ebenfalls gut bedient.

Yokohama

SPEKTAKULÄR LANGE FEDERN • GUTE MÜTTER • AGGRESSIVE HÄHNE

Charakteristik: groß, leicht, selten • **Gewicht:** Hahn 1,8–2,7 kg, Henne 1,1–1,8 kg; Zwerg-Yokohama, Hahn 570–680 g, Henne 490–570 g • **Farbschläge:** Gold oder Schwarz-rot, Golden-duckwing, Rot gesattelt, Silver-duckwing, Weiß

Das Yokohama ist in Westeuropa als japanische Hühnerrasse bekannt, stammt aber ursprünglich aus dem alten China. Japanische Wissenschaftler vermuten seine Vorfahren unter den Shamo, die mit einer chinesischen Rasse mit langem Schwanz gekreuzt wurden (Shokoku). In Japan heißt diese Rasse selbstverständlich nicht Yokohama – dieser Name wurde ihr erst im Westen verliehen; vielleicht bezieht er

Yokohama, junge Henne, rot gesattelt.

sich auf den japanischen Ausfuhrhafen. Die ersten Exemplare gelangten in den 70er-Jahren des 19. Jhs. nach Deutschland.

Yokohamas gehören typmäßig zu den Kämpfern; vielleicht wurden sie tatsächlich wie ihre langschwänzigen Vorfahren in Japan als Kampfhähne eingesetzt, möglicherweise im Zusammenhang mit religiösen Riten. Die japanischen Minohiki dürften die engsten Verwandten des europäischen Yokohama sein. Eine genauere Analyse ist aber schwierig, da es mehrere gleichnamige Rassen gibt.

In Japan werden diese Hühner sehr verehrt; dort haben die Hähne besonders lange Schwanz- und Sattelfedern. Die Sichelfedern wachsen enorm schnell und werden nur alle drei Jahre gemausert. Angeblich gab es einen Hahn mit 6 m langen Federn. In Japan hält man sie auf hohen Stangen und füttert sie mit speziellem Kraftfutter, um das Schwanzwachstum anzuregen. Jeden Tag dürfen sie sich nur eine kurze Zeit lang bewegen; dabei wird der Schwanz vor Beschädigungen geschützt.

Unter den anderen Bedingungen in den westlichen Ländern erreichen die Schwänze nicht diese enormen Aus-

maße. Entsprechend kommen sie auch jährlich in die Mauser.

Aussehen

Yokohamas sehen sehr edel aus. Insbesondere die Hähne beeindrucken durch die langen, fließenden Schwanz- und Sattelfedern.

Sie haben einen langen Körper mit voller, runder Brust und halten sich wie Fasane. Der Schwanz wird tief getragen. Auf dem langen, mit dichtem Behang besetzten Hals sitzt ein kleiner Kopf mit kleinem, einfachem Erbsen- oder Wulstkamm. Auch Ohr- und Kehllappen sind relativ klein; sie sind wie das Gesicht rot gefärbt. Beim schwarzroten oder duckwing Farbenschlag können weiße Ohrscheiben vorkommen. Die Augen sind hell, lebhaft und rot, der gelbe bis hornfarbene Schnabel kräftig und gebogen. Die Yokohamas stehen auf feinknochigen Läufen mit vierzehigen Füßen; sie sind gelb, weidengrün oder graublau gefärbt.

Die genannten Farbschläge gelten in Großbritannien als Standard; andere kommen vor. Auf Hühnerschauen werden vor allem die gesamte Erscheinung, Schwanz- und Sattelfedern bewertet; die Farbe ist weniger interessant.

Diese Rasse zeichnet sich durch ein eindrucksvolles Erscheinungsbild aus und ziert jeden Garten.

Persönlichkeit

Yokohamas sind ruhige und edle Tiere; allerdings sollten die Halter ein Auge auf aggressive Hähne haben.

Eier

Früher war die Legeleistung der Rasse besser. Moderne Hennen legen 80–100 getönte oder weiße Eier pro Jahr.

Alltägliches/Fazit

Wegen der langen Federn lassen sich Yokohamas nicht gut unter beengten Bedingungen halten. Aus dem gleichen Grund sollten feuchte Verhältnisse unbedingt vermieden werden. Die Hühner reifen nur langsam heran; sie scharren gerne im Freiland, wenn sie dazu Gelegenheit bekommen. Da die Hennen gute Mütter sind, ist eine natürliche Nachzucht möglich.

Yokohama, Hahn, rot gesattelt.

Hybridhühner – die moderne Alternative?

Wer Hühner liebt und seine Familie regelmäßig mit gesunden, frischen Eiern verwöhnen möchte, für den ist eine der modernen Hybridrassen genau das Richtige.

Eier satt

SOWOHL DIE PRIVATE HÜHNERHALTUNG ALS AUCH DIE DIVERSEN HÜHNERSCHAUEN WERDEN VON DEN ETABLIERTEN RASSEN DOMINIERT. WER JEDOCH IN ERSTER LINIE AN EIERN INTERESSIERT IST, FÜR DEN SIND HYBRIDHÜHNER DIE HÜHNER DER WAHL.

In Bezug auf Gefiederfarbe, Größe und Verhalten ist die Variationsbreite unter den Rassehühnern schier unüberschaubar – das vorherige Kapitel zeigt bereits beim flüchtigen Durchblättern eine erstaunliche Auswahl. Diese Rassen haben sich seit vielen Jahren bewährt; einige Züchter sind sogar ganz speziell an historischen Rassen interessiert. Hinzu kommt, dass sich manche Hühnerzüchter an alte Rassen erinnern, die sie bei ihren Eltern oder Großeltern gesehen haben und bereits deswegen eine persönliche Verbundenheit mit einer ganz speziellen Rasse fühlen.

Andere Züchter finden eine tiefe Befriedigung darin, eine gefährdete historische Rasse zu schützen. Für sie steht im Vordergrund, die guten und bewährten Eigenschaften dieser Rasse durch sorgfältige Erhaltungszucht zu bewahren. Auch von manchen seltenen Neuzüchtungen existieren in der Tat nur wenige Exemplare und ohne die hingebungsvolle Arbeit der Züchter würden sie spurlos wieder verschwinden.

Nur die Besten überleben

Natürlich könnte man die Argumente der Erhaltungszüchter auch umdrehen: Alle Lebewesen, die sich nicht in ihrer Umwelt auf die eine oder andere Art bewähren, sterben langfristig aus. Viele Tierarten wurden vom Menschen solange gejagt oder getötet, bis sie aus der Natur verschwanden. Andere wurden mit dem Wandel des Klimas oder anderen Veränderungen der Umwelt nicht fertig. Hühner sind in der Tat – das gilt allerdings für alle domestizierten Tierarten – ohne die Hilfe des Menschen nicht überlebensfähig. Unter dem Gesichtspunkt kalter Logik stünden also die seltenen Rassen nur deswegen am Rand des Aussterbens, weil sie unfähig sind, ihr biologisches Schicksal eigenständig zu meistern.

Wir sollten uns aber daran erinnern, dass alle Haushühner erst durch die züchterischen Bemühungen der Menschen entstanden sind – sie stellen das Ergebnis langer und einfallsreicher Kreuzungszüchtungen dar. Einige Rassen haben sich dabei als äußerst erfolgreich erwiesen, während andere heute um ihr Überleben kämpfen müssen.

Die Züchter, die ihre Rassen ausschließlich auf Ausstellungen präsentieren, stehen in der besten Tradition von Generationen ihrer Vorfahren: Auch sie haben durch immer wieder neue Kreuzungen versucht, das Beste aus den Rassen herauszuholen. In ihrem Bestreben, immer größere und üppiger gefiederte Rassen zu züchten, blieb allerdings eine wesentliche Eigenschaft von Hühnern auf der Strecke: Sie legen kaum

Oben Die einzelnen Rassen unterscheiden sich erheblich in der Legeleistung.

Oben Ein frisches Ei zum Frühstück. Hybridzüchtungen bringen die besten Legehennen hervor; manche legen 350 Eier pro Jahr.

noch Eier. Sowohl für die Bildung von Eiern als auch von Federn verbraucht der Körper eines Huhns große Mengen an Protein – im Ergebnis lief die Züchtung demnach auf ein Entweder-Oder heraus. Aus demselben Grund legen Hennen während der Mauser keine Eier mehr: Der gesamte Energievorrat fließt in die Bildung der Federproteine, für die Eier bleibt nichts mehr übrig. Rassen wie die Cochin, die im Westen zunächst wegen ihrer großen braunen Eier sehr beliebt waren, die sie auch im Winter legten, wurde nach und nach ein dichteres Federkleid angezüchtet. Damit ging ihre wesentliche,

ursprüngliche Eigenschaft verloren: Die modernen Cochin legen nicht einmal annähernd so gut wie ihre Vorfahren.

Für die kommerziellen Züchter war das Aussehen völlig unerheblich. Sie standen niemals in einem Konflikt zwischen Ästhetik und Nutzen, sondern produzierten Hühner, die maximalen Profit versprachen, sowohl in Hinblick auf die Legeleistung als auch auf die Fleischqualität. Inzwischen ist es allerdings einigen Spezialisten gelungen, Hühner zu züchten, die nicht nur kommerziell äußerst wertvoll sind, sondern auch hübsch aussehen – das Beste aus zwei Welten?

Kommerzielle Interessen

VOR ALLEM IN DEN USA WURDEN GROSSE ANSTRENGUNGEN UNTERNOMMEN, DIE UNTERSCHIEDLICHEN LEGELEISTUNGEN DER EINZELNEN RASSEN ZU ANALYSIEREN. ES WURDE UNTERSUCHT, AUS WELCHEN KREUZUNGEN DIE BESTEN LEGEHENNEN HERVORGEHEN.

Die ersten Kreuzungen

Nach dem Ende des 1. Weltkrieges nahm der Bedarf an frischen Eiern kontinuierlich zu. Damit gewannen die Auswahlzüchtungen zwischen den Rassen mit bekannt guten Legehennen (beispielsweise die Rhodeländer) an Bedeutung.

Bis zum 2. Weltkrieg war es in den USA durchaus üblich, dass ein Geflügelzüchter bis zu 250 Eier pro Henne und Jahr erhielte – ein eindrucksvolles Ergebnis. Die spezialisierten Züchter gingen systematisch vor; sie kreuzten Linie für Linie miteinander und kreuzten bei Bedarf auch frische Blutlinien von anderen Legerassen (beispielsweise die leichten Sussex) mit ein. Das Ergebnis ihrer Bemühungen waren die modernen Hybridhühner.

Oben Diese hübsche Hybridrasse (Speckledy) geht auf Marans als Eltern zurück. Die Hennen legen zahlreiche dunkelbraune, gefleckte Eier.

Die langfristigen Auswirkungen dieser Zucht waren bemerkenswert und nachhaltig. Im Wesentlichen entwickelten die Züchter zwei Typen, die Legehennen und die Fleisch- oder Tafelhühner. Sie bildeten in den letzten 50 Jahren die Grundlage der industriellen Nutzung von Hühnern. Aus den Hühnern, die einst als seltene und besondere Delikatesse auf den Tisch kamen, wurde eine für jedermann erschwingliche Nahrung. Ob dies gut oder schlecht ist, sei dahingestellt – die intensive Hühnerhaltung in der modernen Nahrungsmittelindustrie ist ganz sicher nicht unumstritten. Die Fleischhühner leben kaum länger als sechs Wochen, sie werden mit chemischen Wachstumshormonen gefüttert, um in kürzester Zeit ihr Schlachtgewicht zu erreichen. Die Geflügelindustrie ist profitorientiert, und solange die meisten Verbraucher ausschließlich auf den Preis schauen, werden sich die Verhältnisse nicht ändern.

Hybride Legehennen

Interessanterweise stellen immer mehr professionelle Geflügelzüchter ihre Tiere auch den Hobby-Geflügelhaltern zur Verfügung.

Im Vergleich mit den traditionellen, reinrassigen Tieren sind die Vorteile der Hybridzüchtungen unübersehbar. Hybridhühner sind deutlich billiger als Rassegeflügel, sie sind gegen die meisten verbreiteten Geflügelkrankheiten geimpft und sie legen Eier ohne Rücksicht auf Verluste.

Gegen sie spricht ihr vergleichsweise langweiliges Aussehen. Im Unterschied zu den Rassehühnern unterscheiden sie sich kaum im Gefieder und bei der eigenen Zucht kommen ziemlich unerwartete Farbenschläge heraus – ganz anders als bei den reinrassigen Hühnern guter Qualität.

Oben Dieses interessante Gelege mit unterschiedlich gefärbten Eiern stammt von Fenton Blue Hennen.

Dennoch stellen gerade Hybridhühner für den Anfänger eine interessante Option dar. Sie sind gleichmütig, genügsam und letztlich zählen auch die zahlreichen Eier. Die besten Typen bringen es auf bis zu 350 Eier pro Jahr.

Obwohl das Angebot eindeutig schmaler ist als bei den Rassehühnern, ist die Auswahl dennoch merklich größer als zwei oder drei einfache Typen. Inzwischen gibt es zahlreiche Formen und die Variationen nehmen ständig zu. Die meisten Hybridhühner haben Rhodeländer-Eltern, die hellbraune Eier legen. Waren Italiener unter den Eltern, sind die Eierschalen leuchtend weiß. Noch exotischer sehen die Eier einer jüngst in England kreierten Hybride aus, der Fenton Blue. Sie legen Eier, deren Schalen in Tönen von Olivgrün bis hin zu Hellblau schimmern.

Fleischreiche Optionen

Immer mehr private Hühnerhalter wollen in ihren Gärten Hühner für die Küche halten. Schlachthühner sind nicht jedermanns Geschmack, doch immer mehr Menschen wollen Fleisch von Tieren verzehren, die weder mit Chemie noch Wachstumshormonen in Berührung gekommen sind. Viele Fleischesser fragen sich seit langem, was alles in den „Supermarktprodukten" enthalten ist. Für sie ist es nur konsequent, sich und ihre Kinder mit Fleisch von Hühnern zu ernähren, die ein friedliches, gesundes Leben geführt haben und getötet wurden, ohne zu leiden.

Tatsächlich kann man alle Hühner essen, doch manche schmecken eindeutig besser als andere. Dank der Hybridzüchtung stehen heute sehr rasch wachsende Hühner zur Verfügung. Meist werden sie umgangssprachlich als „Brathähnchen" bezeichnet. Die kommerzielle Hühnerhaltung für die Fleischproduktion ist ein von drei bis vier weltweit agierenden Firmen beherrschtes Geschäft. Sie versorgen die Märkte mit rund 90 % der Brathähnchen weltweit. Allein in der Europäischen Union werden pro Jahr 4,5 Milliarden Brathähnchen produziert. Jeder Einwohner Englands isst pro Jahr 30 kg Hähnchenfleisch.

Die Praxis dieser gewaltigen Industrie ist nicht besonders appetitlich und soll hier nicht beschrieben werden. Wichtig ist allerdings, dass auch ein privater Hühnerhalter Zugang zu verschiedenen „Fleischhühnern" hat, die in der richtigen Umgebung und mit wenig Aufwand im Garten gehalten werden können. Wer sich für diese Form der Hühnerhaltung interessiert, findet zwischen jungen Brathähnchen und großen, gemästeten Hühnern ein breites Angebot.

Ein ernstes Problem der hochgezüchteten Fleischrassen ist deren Neigung, zu viel zu fressen. Sie werden einfach zu fett und dann können ihre Füße das enorme Gewicht nicht mehr tragen – ein erheblicher Stressfaktor für die Tiere. Inzwischen gibt es aber Züchter, die sich um Abhilfe bemühen. Neue Hybridrassen sollen ähnlich viel Fleisch liefern, wachsen aber langsamer. Werden die Hühner zusätzlich mit proteinärmerem Futter ernährt, stellt sich dieses Problem nicht mehr.

Auf dem Altenteil

Doppelte Moral

Die Diskussion über Hennen in Legebatterien wird emotional geführt. Viele Endkonsumenten ziehen es vor, lieber nicht über das kurze, 72 Wochen dauernde Leben einer Legehenne nachzudenken. In der industriellen Hühnerhaltung gibt es eine Menge Regeln, Vorschriften, Sachzwänge, Diskussionen und Proteste – aber auch eine gehörige Portion Heuchelei. Auf der einen Seite stehen Bauern und Erzeuger. Sie beto-

Oben Kein schöner Anblick: Hennen aus Legebatterien. Meist erholen sich die Hennen schnell in einer neuen artgerechten Umgebung.

nen, sich an alle Vorschriften und Tierschutzgesetze zu halten; der Ruf des Marktes nach billigen Eiern und Hähnchenfleisch ließe ihnen gar keine andere Wahl. Demgegenüber halten es Tierschützer für grausam und barbarisch, eine Henne in einem Drahtkäfig von der Fläche eines Din-A4-Blattes zu halten – sie kann sich nicht einmal herumdrehen.

Die Realisten stehen zwischen beiden Parteien. Sie unterstützen zwar nicht die Praktiken der Industrie, stellen aber fest, dass Batteriehühner in der Regel gesunde Tiere sind (kranke Tiere legen keine Eier und wären für den Geflügelbauer nutzlos) und nichts anderes als ihre engen Käfige kennen. Schließlich gibt es noch die breite Masse der Verbraucher, die zwar die industrielle Käfighaltung grundsätzlich als schrecklich ablehnen, aber meist auch nichts dagegen unternehmen. Solange noch die große Mehrheit der Verbraucher das Hähnchenfleisch und die Eier nach dem Preis kauft, werden die Hersteller keine Verbesserung einführen. Warum sollten sie auch ihre Praktiken ändern? Wer nur meckert, aber nicht bereit ist, für bessere Qualität entsprechend mehr zu bezahlen, trägt nichts zur Verbesserung der Lage bei.

Organisierte Hilfe

In England hat sich eine Organisation gegründet, die ehemalige Batteriehühner retten und ihnen ein neues Heim bieten möchte: der *Battery Hen Welfare Trust* mit Sitz in Devon, im Südwesten des Landes. Diese Organisation hat Verbindungen zu kommerziellen Geflügelfarmen aufgenommen und übernimmt die „verbrauchten" Legehennen. Sie werden nicht geschlachtet, sondern über ein Netzwerk von regionalen Koordinatoren an Hühnerhöfe vermittelt.

Oben Die Zahl der Halter, die Hühner aus Batterien übernimmt, wächst erfreulich schnell an.

Die Organisation verlangt einen gewissen Obolus für jede Henne. Die neuen Besitzer sollten sich auf einen Schock gefasst machen: Die Tiere sehen nicht besonders hübsch aus; sie erinnern eher an Stachelschweine als an Hühner. Ihre Federn, sofern überhaupt noch vorhanden, sind in schlechtem Zustand, Kämme und Kehllappen bleich. Obwohl diese Hühner auf den ersten Blick regelrecht krank aussehen, handelt es sich um gesunde Tiere. Natürlich brauchen Hühner aus einer Legebatterie eine Zeitlang, bis sie sich an ihre neue Umgebung und die Freiheit gewöhnt haben. Tatsächlich kann die „Rettung" das Huhn derart traumatisieren, dass es vor Schreck stirbt. Die Mehrzahl dieser Hühner erholt sich allerdings recht schnell; sie breiten ihre Flügel aus, flattern und scharren zum ersten Mal in ihrem Leben in echter Erde. Auch die Möglichkeit, Wasser zu trinken, ist etwas völlig Neues, denn sie waren an Wasser gewöhnt, das tröpfchenweise aus Spendern floss. Für sie ist ein ordentlicher Schluck Wasser aus einer Schale ein großes Vergnügen.

Wer sich in dieser Weise um Hühner kümmert, muss auf schlimme Erfahrungen gefasst sein. Einige Tiere werden nicht mit der Freiheit fertig und sterben ganz plötzlich. Allerdings ist die Belohnung ebenso fantastisch, denn die Hennen erholen sich bemerkenswert schnell. Ihr Gefieder wächst wieder und sie beginnen binnen weniger Wochen wieder Eier zu legen. Die meisten legen sogar noch mehrere Jahre, diesmal aber in für sie luxuriöser Umgebung.

Krankheiten und Schädlinge

Wenn Hühner optimal gehalten werden, sind sie recht robust. Dennoch kann es zu Parasitenbefall und Krankheiten kommen. Zögern Sie bei einem kranken Tier nicht zu lange und bringen Sie es zum Tierarzt.

Schwierigkeiten vermeiden

EINE OPTIMALE HALTUNGSBEDINGUNG IST DIE BESTE GESUNDHEITSVORSORGE.
ÜBERPRÜFEN SIE REGELMÄSSIG DEN GESUNDHEITSZUSTAND DER TIERE UND
HALTEN SIE DEN STRESSLEVEL GERING, DANN HABEN DIE HÜHNER DIE BESTEN
CHANCEN, MIT KRANKHEITEN FERTIG ZU WERDEN.

Tatsächlich sind zufriedene Hühner auch gesunde Hühner. Geben Sie Ihren Hühnern, was sie brauchen und sie werden glücklich und gesund bleiben: einen trockenen, geräumigen, sicheren, gut belüfteten und sauberen Stall, gutes Futter und frisches Wasser.

Haben Sie stets ein wachsames Auge auf die Tiere. Wenn Sie Ihren Hühnern regelmäßig zusehen, lernen Sie nicht nur viel über Verhalten und Gewohnheiten, sondern Sie bemerken nach einiger Zeit sofort, wenn sich etwas Ungewöhnliches zeigt. Das könnte ein Huhn sein, das nicht mehr frisst und abnimmt, von anderen gepickt wird oder Durchfall hat. Werden solche Anzeichen rechtzeitig erkannt, kann der Hühnerhalter Maßnahmen ergreifen und das Schlimmste abwenden.

Hühner leiden unter einer Reihe von Atemwegserkrankungen – sie können sich sogar erkälten –, die vor allem ein Anfänger kaum sicher diagnostizieren kann. Da sich unterschiedliche Infektionen teilweise durch dieselben Symptome verraten, muss ein Tierarzt aufgesucht werden; nur er kann die richtige Diagnose stellen. Reagieren Sie sofort, wenn Hühner Nasenausfluss zeigen, niesen oder keuchen.

Unten An diesem Rhodeländer sind die wichtigsten Kennzeichen eines guten, gesunden Huhns angezeigt.

Die Augen müssen klar sein und lebhaft wirken.

Ein gesundes Huhn hat einen leuchtenden Kamm, er darf weder grindig noch entfärbt sein.

Verletzte Kehllappen deuten auf Kämpfe hin.

Untersuchen Sie die Nase auf Ausfluss und achten Sie auf deformierte Schnäbel.

Der Schwanz sollte sicher und hoch getragen werden. Achten Sie darauf, dass er diese Position behält; es gibt mehrere Beschwerden, die sich in der Schwanzhaltung zeigen.

Das Gefieder sollte sauber und glatt und die Hühner aktiv und aufmerksam sein.

Unter den Flügeln sammeln sich gerne Parasiten an; prüfen Sie Form und Zustand der Schwungfedern.

Untersuchen Sie die Umgebung des Afters auf Parasiten und Schmutz.

Am Brustbein prüfen Sie den geraden Verlauf und die Ablagerung von Fett.

Der Zustand der Beine ist sehr wichtig. Kalkbeine (eine Milbenkrankheit) sind äußerst unangenehm. Achten Sie auf X-Beine und raue Schuppen.

Von der Länge des Sporns kann man auf das Alter eines Hahns schließen.

Parasiten

HÜHNER KÖNNEN VON INNEREN UND ÄUSSEREN PARASITEN BEFALLEN WERDEN. JEDER PARASIT SCHADET DEM HUHN UND KANN IN EXTREMEN FÄLLEN SOGAR ZUM TODE FÜHREN. SUCHEN SIE DAHER GEZIELT NACH ANZEICHEN VON PARASITENBEFALL UND REAGIEREN SIE UNVERZÜGLICH.

Läuse

Läuse verraten sich schneller als Milben. Gewöhnlich fallen sie auf, wenn sie an der Basis der Federn (Federschaft) herumkrabbeln; die Eier sitzen in dichten Klumpen an den Federkielen. Läuse halten sich bevorzugt zwischen den Daunenfedern unter den Flügeln und um den After auf. Gewöhnen Sie sich an, täglich nach Läusen zu sehen. Läuse sind zwar sehr klein, aber sie verursachen Unbehagen und können Küken derart zusetzen, dass sie sterben. Ergreifen Sie daher sofort entsprechende Maßnahmen, wenn Sie Läuse entdecken.

Der Fachhandel bietet spezielle Entlausungspulver an, die genau nach Packungsanweisung angewandt werden. In der Natur befreien sich Vögel durch ihre regelmäßigen Staubbäder von diesen Parasiten – schaffen Sie daher auch im Hühnerstall die Möglichkeiten für ein Staubbad. Füllen Sie eine Schale mit feiner, trockener Erde, Sand oder Holzasche, und stellen Sie das Bad gut zugänglich auf.

Milben

Milben sind schwieriger zu erkennen. Die Nordische Vogelmilbe lebt permanent auf den Hühnern, die Rote Vogelmilbe nicht. Obwohl sich beide Parasiten vom Blut der Vögel ernähren, verstecken sich die winzigen, spinnenartigen Roten Vogelmilben tagsüber in dunklen Ecken des Hühnerstalls.

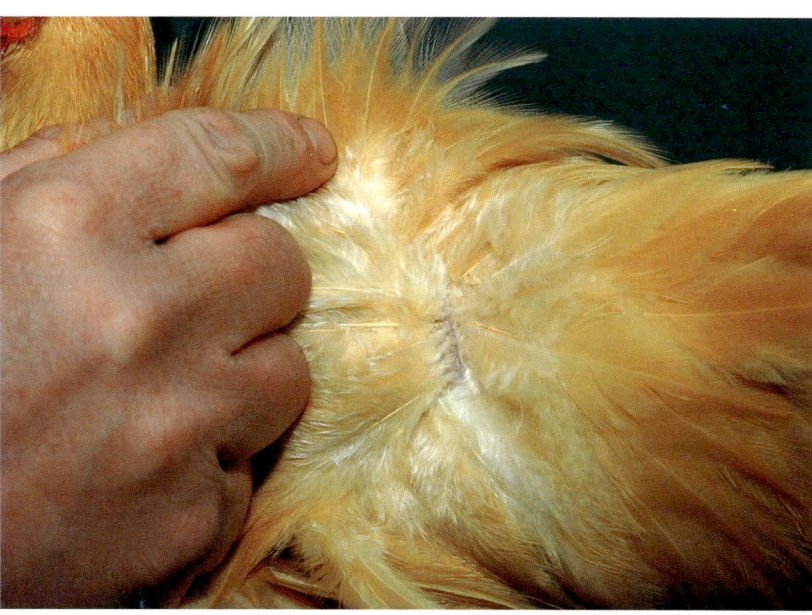

Rechts Untersuchen Sie Ihre Hühner regelmäßig auf Parasitenbefall; kontrollieren Sie vor allem die Federschäfte.

Nachts kommen sie aus ihren Verstecken, suchen die auf der Stange ruhenden Hühner auf und saugen Blut. Diese Blutsauger rufen beträchtliche Irritationen hervor; im schlimmsten Fall beginnen die Hühner, sich die Federn auszureißen. Viele Glucken verlassen ihr Gelege, wenn sie zu sehr von diesen Parasiten geplagt werden.

Um der Milben Herr zu werden, reicht es nicht aus, die Hühner zu behandeln. Sie müssen das Problem an der Wurzel bekämpfen und den gesamten Stall milbenfrei machen. Reinigen Sie gründlich alle Ecken und Ritzen, am besten mit einem Hochdruckreiniger, und desinfizieren Sie den gesamten Stall mit einem Qualitätsprodukt, das für Geflügel zugelassen ist. Vergessen Sie auf keinen Fall die Stangen: Ausbauen und vor allem an den Unterseiten säubern – hier verstecken sich die Milben sehr gern.

Kalkbeine

Eigentlich hört sich dieses Leiden kaum unangenehm an. Es wird von winzigen Milben verursacht, die sich unter den Schuppen der Läufe festsetzen. Sie entzünden sich, schwellen an und bereiten dem Huhn Schmerzen. Wenn nichts

Oben Die Stange und ihre Umgebung müssen peinlich sauber gehalten werden – eine der Grundpflichten eines guten Geflügelhalters.

Oben Alle Hühner nehmen gerne ein Staubbad; auf diese Weise befreien sie sich von Parasiten.

unternommen wird, werden die Läufe schorfig und beginnen oft zu bluten; die Schuppen spreizen ab, weil sich darunter die Ausscheidungen der Milben ansammeln.

Für diese Infektion gilt dasselbe wie für andere parasitische Krankheiten: Sofortiges Handeln ist erforderlich. Da sie sehr ansteckend ist, müssen infizierte Hühner isoliert und behandelt werden. Fragen Sie Ihren Tierarzt nach der geeigneten Methode. Die Heilung ist ein langwieriger Prozess. Zuerst muss das Bein in warmem Seifenwasser vorsichtig aufgeweicht und jeglicher oberflächlicher Schorf entfernt werden. Erst danach kann eine Erfolg versprechende Behandlung einsetzen.

Lassen Sie sich niemals dazu verleiten, die Schuppen abzuheben. Damit fügen Sie nicht nur dem Huhn große Schmerzen zu, sondern riskieren auch ernste Schäden. Bis zur nächsten Mauser müssen alle befallenen Schuppen an Ort und Stelle bleiben, dann werden sie durch neue, unbeschädigte Schuppen ersetzt. Kalkbeine bilden sich leichter unter feuchten Bedingungen. Sollte die Krankheit bei Ihren Hühnern ausbrechen, sollten Sie den Hühnerstall sorgfältig überprüfen und das Problem beheben. Hühner mit gefiederten Beinen werden besonders häufig von dieser Krankheit befallen.

Würmer

Hühner werden von unterschiedlichen parasitischen Würmern (Endoparasiten) befallen. Während sie mit den meisten durchaus fertig werden, bereiten andere größere Probleme. Wichtig sind *Capillaria contorta* und *C. annulata*; die haardünnen Würmer leben in der Speiseröhre und dem Kropf, *C. contorta* zusätzlich im Maul.

Diese winzigen Würmer sind mit dem bloßen Auge nicht zu sehen. Ihre Larven entwickeln sich innerhalb von Regenwürmern und werden von dort auf die Hühner übertragen. Sie verbeißen sich mit den Köpfen in der Schleimhaut von Maul, Kropf, manchmal auch der Speiseröhre und rufen eine Entzündung hervor. Auf den Schleimhäuten lagert sich eine dicke Schicht sterbender und abgestorbener Zellen ab, die Kontraktionen der Organe werden gestört, das Huhn wird zunehmend appetitloser und verliert Gewicht.

Frei laufende Hühner werden von *Tetrameres*-Arten geplagt. Ihre Larven entwickeln sich in Heuschrecken, Käfern, Asseln und anderen Krebstieren. Im Magen der Hühner, die ein befallenes Tier fressen, kommt es zur Infektion. Die weiblichen Würmer saugen Blut und rufen Blutarmut hervor. Während junge Hühner stark unter diesen Parasiten zu leiden haben, zeigen sich bei älteren Tieren keinerlei Symptome.

Gegen Wurmbefall jeglicher Art hilft nur regelmäßiges Vorbeugen. Fragen Sie bei Befall Ihren Tierarzt, was sich im speziellen Fall empfiehlt. Ansonsten führen die meisten Hühnerhalter zweimal pro Jahr eine prophylaktische Wurmkur durch.

Oben Untersuchen Sie Ihre Hühner regelmäßig auf Anzeichen von Kalkbeinen; dieses Huhn ist gesund.

Oben Wechseln Sie regelmäßig die Bodenstreu, damit sie nicht feucht und mit Parasiten kontaminiert wird.

Krankheiten und andere Probleme

AUCH BEI DEN KRANKHEITEN IST EINE GUTE VORBEUGUNG DIE BESTE THERAPIE. HALTEN SIE IHRE HÜHNER UNTER OPTIMALEN BEDINGUNGEN, DAMIT PROBLEME GAR NICHT ERST ENTSTEHEN. KONTROLLIEREN SIE DIE HÜHNER REGELMÄSSIG, DAMIT SIE SCHON BEIM ERSTEN ANZEICHEN MASSNAHMEN ERGREIFEN KÖNNEN.

Verstopfung von Kropf und Muskelmagen

Der Kropf ist eine große Tasche vorn am Halsansatz; ein gefüllter Kropf ist leicht zu ertasten. Hier wird das Futter solange gespeichert, bis es durch Wasser aufgeweicht ist. Dann wird es über wellenförmige Muskelkontraktionen der Speiseröhre in den Magen transportiert.

Der Magen eines Huhns besteht aus zwei Teilen. Im Vormagen werden Magensäure und das Verdauungsenzym Pepsin (es baut die Proteine ab) gebildet und ins Innere abgegeben. Nachdem die Nahrung teilweise verdaut wurde, gelangt sie in den Muskelmagen. Er ist innen mit kräftigen, rauen Leisten versehen, um die Nahrung durch Muskelbewegungen zu zerreiben. Die Steinchen, die alle Hühner fressen, wirken wie Mini-Mühlsteine, die Körner und Samen zerkleinern.

Da Hühner ihre Nahrung nicht kauen können, halten sie sich gewöhnlich von langen Teilen fern. Sie meiden Grashalme und Blätter, denn sie ballen sich im Kropf zu einem dichten Klumpen zusammen und bilden einen Pfropf, der nicht in die Speiseröhre wandern kann. Alle weitere Nahrung bleibt dann an diesem Pfropf stecken. Das Futter staut sich und der Kropf fühlt sich immer härter an – das Huhn leidet unter einer Kropfverstopfung.

Jetzt muss der Geflügelhalter tätig werden und den Kropf für das Huhn ausleeren. Das geschieht mit folgender Technik: Man gibt dem Huhn warmes Wasser zu schlucken und lässt ihm Zeit zum Atmen. Nun wird vom Kropf sanft in Richtung Kopf massiert und das Huhn kopfunter gehalten. Die Massage muss solange weitergeführt werden, bis die Nahrung aus dem Schnabel fällt. Wenn Sie noch unerfahren sind, sollten Sie sich diese Aufgabe nicht zumuten. Bitten Sie den Tierarzt oder einen erfahrenen Vereinskollegen um Hilfe.

Verstopfung vermeiden

Am besten vermeidet man dieses Problem, wenn das Gras im Auslauf kurz gemäht ist, die Hühner nie mit Schalen gefüttert und von Zonen mit hohem, hartem Gras ferngehalten werden. Sollten viele Ihrer Hühner einen verstopften Kropf haben, hilft gewöhnlich eine Mischung aus Epsom-Salz, Molasse und Pflanzenöl.

Oben Eine Verstopfung des Kropfes kann man mit der Hand ertasten.

Sollte sich der Kropf trotz kurzen, weichen Grases oder sogar im Stall immer wieder neu auffüllen, könnte auch eine Verstopfung des Muskelmagens vorliegen. In diesem Fall ist das Gras oder anderes Material bis in den Magen vorgedrungen, hat sich zu einem „Seil" verschlungen und blockiert den Eingang zum Darmtrakt. Diese Krankheit ist sehr viel ernster und kann mit dem Tode des Tieres enden.

Grundsätzlich können zwar alle Hühner betroffen sein, gewöhnlich sind es aber jüngere Tiere, die zum ersten Mal Gras fressen. Ihre Mägen sind noch nicht daran gewöhnt. Auch Hühner, die Gras fressen und nicht genügend Steinchen in ihrem Futter bekommen, können an diesem Darmverschluss erkranken.

Kokzidose

Obwohl vor allem Junghühner im Alter von drei bis sechs Wochen unter Kokzidose leiden, befällt die Krankheit auch ältere Hühner. Typische Anzeichen sind Depression, Kauern, aufgeplusterte Federn, weißer Schmutz um den After, Durchfall und Blässe.

Alle Hennen tragen Kokzidien in sich, daher ist eine schwache Infektion durchaus üblich. Kokzidien sind einzellige, parasitische Tiere, die sich über den Kot in einer Hühnerschar ausbreiten. Ein einziges Huhn kann die Parasiten jahrelang in sich tragen, ohne dass die Krankheit ausbricht. Die Einzeller sind resistent gegenüber vielen Desinfektionsmitteln und werden auch über die Kleidung, Stiefel, Futtereimer, Insekten oder andere Tiere weitergetragen.

Die Gefahren für Kokzidose steigen immer dann, wenn ein Stall zu dicht besetzt ist, wenn Junghennen dort gehalten werden, in dem vorher alte Hühner lebten, sowie unter warmen, feuchten und schlecht belüfteten Bedingungen.

Die Küken bekommen von ihren Müttern keine Immunität, sondern erwerben sie nur dann, wenn sie eine leichte Infektion mit Kokzidien überleben. Mit sieben Wochen können sie resistent werden – allerdings nur gegenüber einem einzigen Kokzidien-Stamm. Bei einer Infektion mit einer anderen Art werden sie wieder krank.

In den ersten 16 Wochen kann das Infektionsrisiko gesenkt werden, wenn ausschließlich Kükenaufzuchtfutter mit einem

Oben Achten Sie vor allem bei jungen Vögeln auf die Länge der Grashalme im Auslauf.

Anti-Kokzidien-Zusatz gefüttert wird. Selbstverständlich sind gute Hygiene und saubere Haltung erforderlich. Für zwei Wochen alte Küken ist eine Impfung möglich, die sich aber nur für kommerziell genutzte Hühner lohnt.

Marek'sche Hühnerlähmung

Diese Krankheit ist eines der häufigsten Leiden unter Hühnern und Truthähnen. Kommerzielle Züchter impfen ihre Tiere bereits im Alter von einem Tag (Hühner bis 48 Stunden alt), für einen Hobby-Hühnerhalter stellt die Krankheit aber ein echtes Problem dar. Besonders häufig werden Sebright und Seidenhühner befallen.

Grund für die Infektion ist ein Virus vom Herpes-Typ, das mit Federstaub vom Wind über viele Kilometer weit verbreitet werden kann. Das Virus entwickelt sich in den Federfollikeln und wird mit dem Federstaub verbreitet. Das Virus bleibt ein Jahr lang infektiös und ein befallenes Huhn kann das Virus weiterverbreiten, ohne selbst ein Anzeichen der Krankheit zu zeigen. Die Krankheit äußert sich in Tumoren im Nervensystem, die zu Lähmungserscheinungen in den Gliedern führen – typischerweise in Beinen, Flügeln und Kopf.

Der Tod tritt durch Ersticken ein (in großen Hühnerhöfen) oder die Tiere dehydrieren, weil sie nicht mehr trinken können.

Zwar sterben nicht alle Hühner an der Krankheit, aber die Überlebenden bleiben Virusträger und könnten in Zukunft unter größerem Stress erneut der Krankheit erliegen. Junghennen sind deutlich mehr betroffen als Hähne. Sobald die Hühner etwas älter werden, entwickeln sie eine Form von Altersresistenz; etwa nach einem Monat sind sie natürlicherweise immun gegen die Krankheit. Erwachsene Hühner, die das Virus in sich tragen, erkennt man bei einem genauen Blick in die Augen: Wenn die Farbe der Pupille mit der Iris verschmilzt, sind sie höchstwahrscheinlich Überträger der Krankheit.

Es gibt zwei Wege, die Marek'sche Hühnerlähmung zu behandeln: Eine Impfung der einen Tag alten Küken und eine Resistenzzucht. Für einen Haushuhnhalter ist die Impfung zu kostspielig, schwer zu praktizieren und unrentabel. Am einfachsten kann die Gefahr dieser Virusinfektion durch tägliches feuchtes Auswaschen und gründliches Staubsaugen reduziert werden, um möglichst große Mengen von Federstaub zu entfernen.

In der Tat gibt es aber Rassen und Zuchtlinien, die sich seltener mit der Marek'schen Hühnerlähmung anstecken. Züchter sollten sich daher stets an die gesündesten Nachkommen halten und erst danach die eigentlichen Rassemerkmale berücksichtigen. Nun ist das Ziel fast aller Züchter, ihre Tiere möglichst weit von ihren Stammvätern wegzuzüchten. Die erwünschten Eigenschaften in den Nachkommen – große Kämme, seidige Federn, tägliche Eier usw. – gehen meist einher mit der Ausprägung rezessiver Eigenschaften, wie eine reduzierte Resistenz gegenüber der Krankheit.

Zugekaufte Hühner könnten die Krankheit in das Hühnervolk einschleppen, doch eine Quarantäne ist nicht besonders hilfreich, denn irgendwann müssen sie in die Schar integriert werden. Versuchen Sie also, das Stresslevel durch sorgfältige Pflege klein zu halten, dann steigen die Chancen, die Viruskrankheit nicht ausbrechen zu lassen.

Die Marek'sche Hühnerlähmung ist ein sehr ernstes Problem, mit dem alle Züchter rechnen müssen.

Mykoplasmose

Hierbei handelt es sich um eine sehr ernste Atemwegserkrankung, die Hühner in vielerlei Formen befallen kann. Viele diese Erreger sind von Natur aus in den Vögeln vorhanden, die Krankheit bricht aber nur dann aus, wenn die Konstitution bereits durch ein Virus geschwächt ist. Andere Formen sind pathogen und befallen auch gesunde Hühner. Dennoch spielen beim Ausbruch der Krankheit immer andere auslösende Faktoren eine Rolle, wie beispielsweise schlechte Luftqualität, Hygiene oder hohe Stressfaktoren.

Die gefährlichste Form ist *Mycoplasmodium gallisepticum*, das über Eier, Tröpfchen (hustende oder niesende, infizierte Hühner) oder den direkten Kontakt mit infizierten und Trägerhühnern übertragen wird. Der Keim ruft chronische Atemschwierigkeiten und ein Luftsacksyndrom hervor. Die infizierten Hühner niesen, husten und haben Ausfluss aus den Nasen. Im schlimmsten Fall – dem Luftsacksyndrom – füllen sich die Luftsäcke mit Schleim, die Hühner wirken schlaff und lethargisch, sie fressen nicht mehr und verlieren an Gewicht.

Oben Der blau erscheinende Kamm (Zyanose) ist ein Symptom der Vogelgrippe.

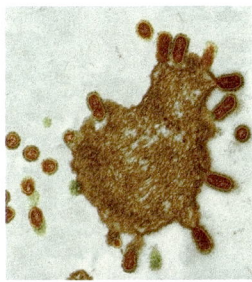

Oben Das H5N1 Vogelgrippe-Virus ist tödlich für Geflügel und für den Menschen.

Rechts Eine rechtzeitige Impfung hat sich zu 100 % als wirksam erwiesen.

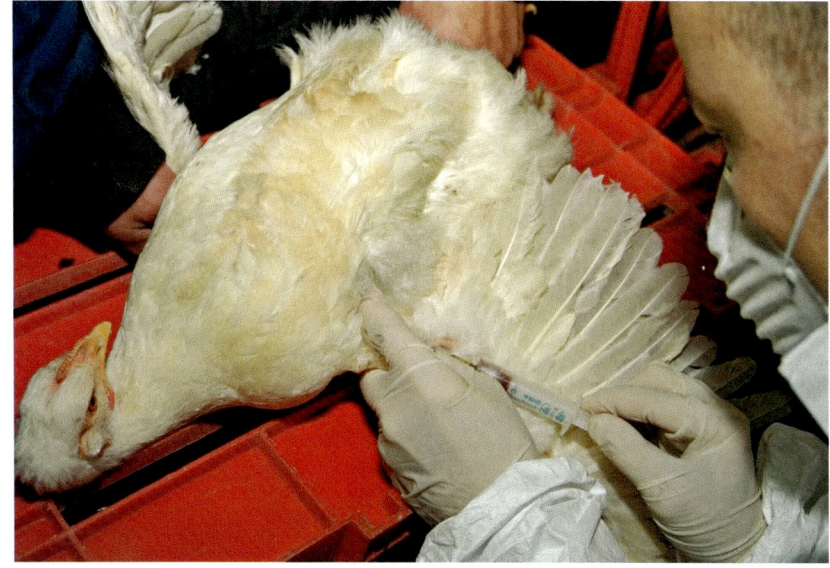

Tierärzte verschreiben meist das erlaubte Antibiotikum Tylosin; inzwischen treten allerdings vermehrt resistente Stämme auf. Einige Untersuchungen lassen vermuten, dass eingetauchte oder gespritzte Eier die Zahl der infizierten Küken reduziert, doch diese Methode ist zu unzuverlässig. Wenn Sie den Verdacht hegen, eines Ihrer Küken könnte infiziert sein, suchen Sie sofort den Tierarzt auf.

Ein wahrer Schmelztiegel für unterschiedlichste Infektionskrankheiten sind Verkaufsstände und Auktionen auf Wochenmärkten: Die Hühner sind gestresst, kommen mit allen möglichen anderen Arten in Kontakt und werden in eine fremde Umgebung gebracht. Wenn Sie Hühner aus einer solchen Quelle erwerben, gehören Sie zunächst in eine Quarantäne mit viel frischer Luft, sauberem Wasser, angepasster Umgebungstemperatur und einem bequemen, sauberen und trockenen Schlafplatz.

Vogelgrippe

Vogelgrippe endet gewöhnlich tödlich. Es gibt unterschiedliche Virusstämme, doch vor allem der Stamm H5N1 im Fernen Osten und Teilen von Mitteleuropa hat jüngst für starke Irri-

tationen gesorgt. Millionen von Vögeln wurden getötet, um einen Ausbruch der gefährlichen Krankheit zu verhindern.

Das Virus ist hochinfektiös und wird über den Kot oder die Atemluft infizierter Vögel übertragen. Alle Vögel können das Virus verbreiten – vor allem die ziehenden Wasservögel sind wirkungsvolle Verbreiter –, daher ist es kaum zu kontrollieren. Die Anzeichen der Infektion sind Blaufärbung des Kammes und der Kehllappen und plötzlicher Tod.

Die einzige Möglichkeit, die Übertragung zu verhindern, ist eine strikte Isolation der Hühner, damit sie keinen Kontakt mit infizierten Vögeln aufnehmen können. Für Haushühner bedeutet dies Einsperren im Stall oder rundum gesicherte Ausläufe (Abdecknetze, feste Dächer), zu denen garantiert keine wilden Vögel Zutritt haben. Für viele private Halter sprengen diese Maßnahmen aber die finanziellen und räumlichen Möglichkeiten.

Die leichte Verbreitung und die Möglichkeit, dass das Virus auf den Menschen überspringt, hat die Politik sehr hart und ernst reagieren lassen. Nach einem Ausbruch wird die Region um das Zentrum abgeriegelt und alles Geflügel innerhalb dieser Bannmeile gekeult.

Glossar

Abhärten. Bevor Küken ihre warme Brutkiste verlassen dürfen, müssen sie vorsichtig an die normalen Stalltemperaturen gewöhnt werden.

Armschwingen. Schwungfedern im inneren Bereich des Flügels. Sie sind auch beim eingefalteten Flügel sichtbar.

Bart. Auffällige Federbüschel, die wie ein Bart an der Kehle eines Huhns ansetzen; etwa bei den Faverolles.

Behang. Schmuckfedern am Hals, die bis zu den Schultern reichen.

Brathähnchen. Hühnchen, die kommerziell für den Gebrauch als Tafelhuhn gezüchtet wurden und sehr schnell die Schlachtreife erreichen.

Brustbein. Ein Knochen, der vertikal in der Mitte der Brust verläuft; an seinem Fortsatz setzen die großen Brust-(Flug-) muskeln an.

Brutkasten, Inkubator. Ein Wärmeschrank, der zum künstlichen Ausbrüten von Hühnereiern verwendet wird.

Daunen. Die sehr weichen, warmen Federn von Küken; auch bei erwachsenen Hühnern sitzen unter den sichtbaren Federn die Daunenfedern.

Deckfedern. Die kürzeren Federn auf den Flügeln; sie überdecken die Basis der größeren *Schwungfedern*. Die Armdecken sitzen über den Arm-, die Handdecken über den Handschwingen.

Doppelt gesäumt. Am Rand jeder Feder (Saum) laufen zwei schmale, parallele Linien in einer anderen Farbe entlang.

Dorn. Ein Fortsatz am schwanzseitigen Ende des Rosenkammes.

Durchleuchten. Ein Ei wird während des Brutvorgangs vor eine starke Lampe gehalten, um den Zustand des Embryos zu überprüfen.

Einfacher Kamm. Schmaler, meist aufrecht getragener Kamm mit Sägezacken, Ausprägung und Farbe sind Rassemerkmale.

Eizahn. Eine Vorwölbung auf dem Schnabel von Küken; schlüpfende Küken brechen damit die Eierschale von innen auf. Später fällt der Eizahn ab.

Fahne. Der flache Teil der Feder.

Farbenschlag. Die durch einen Geflügelstandard festgelegte, ein- oder mehrfarbige bis gemusterte Ausprägung des Gefieders. Bei Ausstellungen entscheidet die genaue Einhaltung dieser Normen über die Platzierung.

Federfüßig. Rassen, bei denen der untere Teil der Läufe befiedert ist; erinnert im Aussehen an „Latschen" oder Stulpen.

Federkiel. Der obere, hohle Mittelteil einer Feder; an ihm setzen rechts und links die Federstrahlen an, die sich zur Fahne vereinen.

Federschaft. Der untere, massive Teil einer Feder.

Flügelstreifen. Ein dunklerer Streifen, der sich quer über den Flügel zieht.

Frei laufende Hühner. In der Geflügelzucht galten früher bis zu 50 Hühner auf 4000 m^2 als frei laufend. Dieser Grenzwert ist aber längst überholt, heutzutage geht man von 10 m^2 pro Huhn aus.

Frizzle. Aus dem Englischen übernommene Bezeichnung für „struppige" oder „gelockte" Federn; sie biegen sich an der Spitze zum Kopf hin. Bei den Strupphühnern ist diese Eigenschaft ein Kennzeichen der Rasse.

Fußverletzungen. Können vorkommen, wenn schwere Rassen regelmäßig von zu hohen Stangen auf die Erde hüpfen.

Gebändert. Streifen wechselnder Farbe, die sich alternativ auf einer Feder abwechseln.

Gesägt. Die Zackenbildung eines einfachen Kammes.

Gesäumt. Federn, deren Rand anders gefärbt ist als die übrige Federfläche.

Gescheckt. Federn, die unregelmäßig mit einer anderen Farbe gezeichnet sind.

Geschlechtsbestimmung. Festlegung des Geschlechtes; bei Küken sehr schwierig. In einigen Rassen ist eine frühe Geschlechtsbestimmung durch Farbvergleich der Federn möglich.

Gesichtsgefieder. Bei manchen Arten setzen direkt am Gesicht feine Federn an, die einem Bart ähneln.

Gestreift. Farbstreifen (meist schwarz), die quer zur Längsrichtung der Federn verlaufen.

Geteilte Haube. Haube, die sich in der Mitte teilt und zu beiden Seiten fällt.

Geteilter Schwanz. Schwänze mit deutlich sichtbarer Trennung in der Mitte der Basis.

Getupft. Federn, deren Spitze oder Flächen mit Tupfen einer anderen Farbe gezeichnet sind.

Glucke. Eine Henne, die keine Eier mehr legt, sondern sich instinktiv auf das Ausbrüten eines Geleges vorbereitet. Dabei spielt es keine Rolle, ob sie die Eier selbst gelegt hat.

Grit. Futterzusatz, der aus fein gemahlenen Steinchen und Muschelkalk besteht. Er versorgt die Hühner mit Calcium und die Steinchen zerkleinern Körnerfutter im Muskelmagen.

Grundfarbe. Die Hintergrundfarbe bei einem Huhn, dessen Federn farbig gemustert sind.

Hagelschnur. Die beiden Haltevorrichtungen aus Protein, die das Eigelb und den Embryo im Zentrum des Hühnereis festhalten.

Hahn. Männliches, erwachsenes Huhn.

Haltung, halten. Der allgemeine Eindruck, den ein Huhn auf den Betrachter macht.

Handschwingen. Schwungfedern im äußeren Bereich des Flügels.

Harte Feder. Eine Typenbezeichnung für hartes, eng dem Körper anliegendes Gefieder. Vor allem Hühnerrassen, die von Kämpfern abstammen, zeichnen sich durch harte Federn aus; siehe *weiche Feder*.

Haube. Schmuckfedern auf dem Kopf, die sich zu einer Art Haube vereinen.

Henne. Weibliches, erwachsenes Huhn.

Hennenfiedrigkeit. Bei manchen Rassen tragen die Hähne dasselbe Gefieder wie die Hennen. Ihnen fehlen vor allem die typischen Sicheln im Schwanz oder der Halsbehang.

Hörnerkamm. Kamm, der in zwei Zipfel ausläuft, die wie ein großes V geformt sind.

Hybridhuhn. Ein kommerziell, speziell als Legehenne oder Tafelhuhn gezüchtetes Huhn. Bei solchen Zuchten stehen nicht die Rassemerkmale, sondern die Nutzbarkeit im Vordergrund.

Inzucht. Die ständige Paarung von nahe verwandten Hühnerrassen.

Junghenne. Ein weibliches Huhn, das dem Kükenstadium entwachsen ist, aber noch nicht zu legen begonnen hat, also jünger als 18 Wochen ist.

Kamm. Der fleischige Fortsatz auf dem Kopf eines Huhns. Er hat je nach Rasse eine unterschiedliche Gestalt, z.B. einfach, Rosen-, Erbsen-, Schmetterlings- oder Hörnerkamm.

Kaudal. Dem Schwanz zugehörig; der Sterz, ein fleischiger Fortsatz am Hinterteil eines Huhns, heißt anatomisch korrekter Kaudalfortsatz.

Kehllappen. Fleischige, paarige Anhängsel unterhalb des Schnabels, beiderseits des Gesichts. Bei den Hähnen fallen die Kehllappen größer aus.

Keulen. Das Töten von Nutztieren (Hühnern), um die Ausbreitung einer gefährlichen Infektion zu verhindern.

Kloake. Die gemeinsame Mündung von Darm, Harnblase und Eileiter (bzw. Samenleiter beim Hahn).

Kreuzung. Die sexuelle Vereinigung von unterschiedlichen Hühnerrassen zu Züchtungszwecken.

Kropf. Sammelbehälter für die Nahrung, etwa am Ansatz des Halses. Das Huhn sammelt seine Nahrung zunächst im Kropf, wo sie etwas aufgeweicht wird. Vom Kropf wird sie weiter in den *Muskelmagen* und dann in den Darm transportiert.

Läufe. Der sichtbare und meist nackte Teil eines Hühnerfußes zwischen dem befiederten Unterschenkel und den Zehen; anatomisch handelt es sich um verschmolzene Mittelfußknochen.

Legebeginn. Eine Junghenne ist mit etwa 18 Wochen ausgewachsen und beginnt Eier zu legen.

Leichte Rasse. Im Unterschied zu *schweren Rassen* handelt es sich um leichtere Hühner, die meist flugfreudig sind und rasch ihr Federkleid ausbilden.

Linie. Eine über mehrere Generationen sorgfältig rein gezüchtete Rasse, Gruppe oder Varietät eines Huhnes.

Luftkammer. Eine mit Luft gefüllte Blase am stumpfen Ende des Hühnereis. An der Größe der Kammer lässt sich die Frische eines Eis bzw. die Feuchtigkeit während des Brutvorgangs ablesen.

Mauser. Der jährliche Federwechsel der Hühner. Während die Tiere ihre Federn wechseln, stellen die Hennen das Legen ein. Der gesamte Vorgang dauert etwa drei Monate.

Mischfutter. Kommerziell gemischtes oder selbst zusammengestelltes Hühnerfutter; es kann trocken oder feucht, warm oder kalt angeboten werden.

Muskelmagen. Muskulöser Magen im Verdauungstrakt von Hühnern. Im Muskelmagen wird die harte Körnernahrung zerrieben. In der Natur nehmen die Hühner dazu Steinchen auf, beim Füttern von Haushühnern wird ein bestimmter Anteil mineralischen Materials (*Grit*) beigemischt.

Nutzhuhn. Hühner, die nur zu praktischen Zwecken gezüchtet werden; Legehennen und Tafelhühner.

Ober-, Unterschnabel. Die beiden Teile des Hühnerschnabels.

Ohrlappen. Hautfalten, die unter dem Ohr eines Huhns hängen. Sie weichen in Größe, Farbe und Form rassespezifisch voneinander ab.

Ohrscheibe. Die weiß gefärbten *Ohrlappen* von mediterranen Hühnerrassen.

Pellets. Futter, das in kleine Partikel gepresst wurde. Pellets enthalten alle notwendigen Nährstoffe und Spurenelemente, die ein Huhn braucht. Der Handel bietet Pellets für alle möglichen Zwecke an, beispielsweise für Glucken, Legehennen und zur Mast.

Rosenkamm. Ein breiter und oben fast flacher Kamm, der mit rundlichen Perlen bedeckt ist. Gewöhnlich läuft ein Rosenkamm nach hinten in einen *Dorn* aus.

Sattel. Der hintere Bereich des Rückens beim Hahn; bei vielen Rassen zeichnet sich der Sattel durch besondere Schmuckfedern aus.

Schlund. Die im Schnabel aufgenommene Nahrung rutscht durch den Schlund bis in den *Kropf*.

Schnabel stutzen. Da bei Stallhühnern der Schnabel nicht so stark beansprucht wird wie bei Wildhühnern, muss er regelmäßig zurückgestutzt werden. Das Schnabelkupieren in der kommerziellen Hühnerhaltung, bei dem die Spitze des Oberschnabels entfernt wird, um Pickattacken zu reduzieren, ist verboten.

Schulter. Der innerste Teil des Flügels, der direkt am Hals ansetzt.

Schuppen. Kleine, dünne, einander überlappende Plättchen auf Läufen und Zehen der Hühner. Die Schuppen werden wie Federn bei jeder Mauser ersetzt.

Schwere Rasse. Hühnerrasse, bei der die Hennen ein Gewicht von mindestens 2,5 kg erreichen. Die meisten dieser Rassen haben Vorfahren aus dem Fernen Osten; siehe *leichte Rasse*.

Schwertförmige Sicheln. Schwanzfedern, die nur eine sehr leichte Krümmung aufweisen.

Schwungfedern. Die langen, großen Federn auf den Flügeln von Hühnern; siehe *Handschwingen, Armschwingen.*

Seidenfedern. Feine, seidige Federn mancher Rassen, besonders ausgeprägt bei den Seidenhühnern.

Sicheln. Lange und häufig sehr auffällige Schmuckfedern im Schwanz eines Hahns; sie sind rassespezifisch geformt und gefärbt.

Sperberung, gesperbert. Ungleichmäßige und unregelmäßige Farbmarkierung auf dem Gefieder von Hühnern; kommt als Farbenschlag bei mehreren Rassen vor.

Sporn. Auswuchs aus Horn an der Hinterseite der Läufe. Er kann verschieden groß werden und kommt bei Hähnen und einigen Hennen vor.

Sport. Variation einer Rasse, die natürlich auftritt und sich von den Merkmalen der Art unterscheidet. Sports gehen meist auf eine genetische Mutation zurück.

Sprunggelenk. Das Gelenk zwischen dem Unterschenkel und den *Läufen*; obwohl es wie ein Knie wirkt, entspricht es dem Fußgelenk.

Staubbad. Eine Schale mit sauberem, trockenem Sand, trockener Erde oder Holzasche, in der die Hühner ein „Bad" nehmen können. Auf diese Weise entfernen die Hühner auf natürliche Weise Hautparasiten von ihrem Körper.

Streu. Der Untergrund in einem Hühnerstall oder dem Auslauf; Streu kann aus verschiedenen Materialien bestehen (z.B. Stroh, Hobel- oder Sägespäne).

Stulpen. Bei manchen Hühnerrassen, etwa den Cochin oder Brahma setzen Federn am Gelenk der Läufe an, die an Stulpen erinnern.

Totgeburt. Manche Küken sterben bereits im Ei und können nicht mehr schlüpfen.

Untergefieder. Die Federn, die sichtbar werden, wenn man ein Huhn aufnimmt und die Federn unter den Deckfedern betrachtet.

Unterstände. Einfache, mobile Hühnerställe, die nur aus Holzstützen und einem aufgelegten Dach bestehen. Der Boden kann mit Platten belegt oder natürlicher Boden sein.

Varietät. Hühner, die sich in einer bestimmten, vererbbaren Abweichung (Federfarbe oder -zeichnung) von der normalen Rasse unterscheiden.

Weiche Feder. Lockeres, flauschiges Federkleid; siehe *harte Feder.*

Zwerghühner. Körperlich kleine Hühnerrassen, die etwa ein Fünftel (ein Viertel) des Gewichts der entsprechenden Großrasse haben dürfen. Es gibt aber auch echte Zwerghuhnrassen ohne eine Großrasse als Ausgang der Zucht.

Zwiehuhn. Eine Hühnerrasse, die sowohl als Eierlieferant wie als Tafelhuhn genutzt werden kann.

Register

Register

Bildnachweis

Alle Farbfotos wurden von Chris Graham aufgenommen.
Weitere Aufnahmen stammen von

Alamy/Simon Belcher S. 199 r.,/Sally und Richard Greenhill
S. 195 r.,/D. Hurst S. 16;/Keiji Iwai S. 72;/Kim Karpeles 59 o.;/
Renee Morris S. 32 l.;/Jack Sparticus S. 29.

Corbis UK Ltd/Robert Dowling S. 136, 165;/Lars Lange-
meier/A.B./Zefa S. 66;/James Marshall S. 108;/Robert Picket
S. 64;/Herbert Spichtinger S. 54-55.

Frank Lane Picture Agency/Jim Brandenburg S. 32 r.;/Nigel
Cattlin S. 47 o.;/David Hosking S. 28;/Frank W. Lane S. 157;
/Gordon Roberts S. 188;/Terry Whittaaker S. 31.

Masterfile/Gary Rhijnsburger S. 70-71.

N.H.P.A./Joe Blossom S. 33, 137.

Science Photo Library/Eye of Science S. 199 l.
John Tarren/David Scrivener Archive S. 170, 171, 176, 177, 178,
179.

Warren Photografic S. 130.

Impressum

Aus dem Englischen übersetzt von Dr. Wolfgang Hensel.

Deutschsprachige Ausgabe © 2011 Verlagsgruppe Weltbild
GmbH, Steinerne Furt, 86167 Augsburg

Deutschsprachige Erstausgabe © 2008 Franckh-Kosmos
Verlags-GmbH & Co. KG, Stuttgart

Die Originalausgabe dieses Buches ist 2006 unter dem Titel
Choosing and keeping chickens erschienen bei

Hamlyn Octopus,
an imprint of Octopus Publishing Group Ltd
2-4 Heron Quays, Docklands, London E14 4JP
ISBN 978-0-600-61438-8
© 2006 Octopus Publishing Group Ltd
Alle Rechte vorbehalten

Mit 185 Farbfotos.

Projektleitung: Alice Rieger
Redaktion: Anne-Kathrin Janetzky
Produktion: Eva Schmidt

Umschlaggestaltung: Atelier Seidel, Verlagsgrafik, Teising
Umschlagfoto: © StockFood.com/Aktivpihenes & Aktiveur-
laubszeit s.r.o.

Printed in China/Imprimé en Chine
ISBN 978-3-8289-3471-9

2015 2014 2013 2012
Die letzte Jahreszahl gibt die aktuelle Lizenzausgabe an.

Einkaufen im Internet:
www.weltbild.de